……麹は
天才です

麹のちから！

食べ物が
美味しくなる
身体にいい
環境を浄化する
ストレスをとる

100年、麹屋3代
山元正博（農学博士）

風雲舎

（はじめに）秘められた麹の力

１００年、３代続いた麹屋――それが私の生まれた家です。

麹をつくるには最初に「種麹」が欠かせません。その種麹をつくるのがわが家の家業です。この種麹をもとに麹をつくり、それを発酵させて、味噌や醤油、そしてお酒や焼酎が造られるのです。

わが家では、生まれたときから自宅や隣接する麹室（むろ）はもちろん、庭、路地、裏手の藪のどこでも、いつでも麹の匂いが漂っていました。東京に出て学生時代を過ごした９年ほどの期間を除くと、私は頭のてっぺんからつま先まで麹まみれで育ち、そして今も麹まみれの暮らしの中にいます。プーンとくる麹のあのやさしい匂いは、もはや私の身体に染みついた属性、分身となっています。

この家業を始めたのは祖父です。祖父・河内源一郎は〝麹の神様〟と呼ばれ、その名前をとった「カワチ菌」は学術名になりました。２代目の父は、麹の手づくり作業を機械化した革新的な自動製麹装置を開発し、焼酎づくりの基礎を築きました。父の技術で仕込んだ焼酎は、いわゆる焼酎ブームの先駆けになり、そこから〝焼酎の神様〟と呼ばれるようになりました。そして私は……といえば、実のところ何もありません。一介の麹屋です。

でも私は、祖父や父の業績を背負いながらも、いつか二人を越える仕事をしたいと思うようになりました。麹屋3代目として、40年間「麹」ひと筋に歩んできたことで、麹の力はそれだけじゃないぞ、もっとすごい力を持っているぞとの自負と確信が生まれていたからです。

昨今、塩麹がブームになったことは私としても大いなる喜びです。確かに、麹には、食卓にのる食べ物を「うまく、美味しくする」調味効果があります。さらに、継続してとれば健康にもいいことがわかってきました。人体のみならず、家畜など生き物には必要不可欠な微生物です。

しかし麹の力はそれだけではありません。

麹の研究を重ねていくと、家畜飼料に麹を混ぜることで豚や鶏などの家畜がより健康になり、さらには、化学物質や屎尿などで劣化した土壌を良好な状態に復元するなど、さまざまな麹の力が見えてきました。

なかでも驚いたのは、麹はストレス解消の面でバツグンの力を発揮するということです。詳しくは本文で述べますが、麹には、これまで知られていない秘められた力があるのです。

私のミッションは、その麹の力を世に広めることです。麹はまちがいなく人間に幸せをもたらします。それを世の中に伝えることが私の仕事だとわかったからです。

麹とともに生きてくると、麹にどっぷり浸かった暮らしは、なにより健康的だとあらためて感じます。父は89歳で現役、母は87歳ですが、とても肌つやが良く、元気です。また妻の表情は生き生きして、曇りがありません。私はといえば、夕食には麹由来の「マッコリ」片手に、塩麹漬けのお惣菜で一杯やるのが楽しみとなりました。睡眠は5時間で十分。11時ごろ床に就けば朝4時には目が覚め、勢いよくベッドを飛び出します。

ありがたいことです。これはもう、麹に感謝のひと言です。

麹によるうま味、健康への力、それに加え、秘められた大きな力があることを、この塩麹ブームを機に、ちょっと覗いてみてください。

著者

カバー装幀——山口真理子

麹のちから！——目次

《第1章》

麹は奇跡の調味料です

最近の塩麹ブームには驚きです。これは3代続く種麹屋の当主として、あるいは発酵学の研究者としても、とても嬉しい出来事です。

どうしてこんな大ブームになったのか。理屈はいろいろつけられますが、なんといっても、塩麹は料理を美味しくし、健康にもいい。このシンプルな理由に尽きるでしょう。みんながそのことに気づいたのですね。

麹とは、蒸した米や麦などにカビ（麹菌）を生やしたもの。これに塩と水を加えたものが、塩麹です。

日頃、何気なくとっている食べ物に、この塩麹をちょっと足す。それだけで料理の味はグンと深みを増し、これが同じ食べ物かと驚くほど味が変わります。

麹は素材のうま味を最大限に引き出し、人間の健康にいいさまざまな酵素を出すことで、バラエティ豊かな発酵食品をつくってきました。味噌、醤油、納豆、日本酒そして焼酎など。

これらは麹がなければこの世に存在しなかったものです。そうなれば日本人の身体と心は、今とはまったく違ったものになっていたことでしょう。日本人の特質である穏やかな気質の形成に、麹が大きく寄与したと私は考えています。

逆に考えると、日本の美しい自然と豊かな風土、そこで培われた細やかな人の心、それがなければ麹もこれほど深く日本人の暮らしに溶け込まなかったことでしょう。麹は日本の風土とそこに住む日本人が大好きなのです。そして麹は広い地球の中で日本だけで受け継がれてきたという事実。

なんとも不思議だと思いませんか。

そこでまずは、麹の美味しい世界から筆を起こそうと思います。もちろん、とっておきの塩麹レシピも紹介します。

塩麹で美味しい一夜漬けを

まずは、なんといっても日本人の味のふるさとともいえる「お漬け物」。

通常のお漬け物は塩をまぶして一定期間漬け込みます。乳酸菌が発酵して、うま味が出るのを待っているのです。

ところが塩麹を使えば、もっと速く、もっと簡単に、しかもはるかに美味しい漬け物ができるのです。

理由はふたつ。ひとつは、塩麹の出す酵素が野菜の繊維質や糖質、デンプン質を分解してうま味に変えるから。もうひとつは、麹が漬け物に必要な乳酸菌の増殖スピードを３倍にも増やすからです。

つくり方も非常に簡単です。

大根、白菜、キャベツ、きゅうりなどをよく洗い、水を切ってから、目分量でその10分の1ほどの量の塩麹と合わせてよく揉みます。そのまま、ジッパー付きの袋に入れ、空気を抜いてジッパーを閉めてください。もちろん漬け物容器でもけっこうです。なるべく真空状態にしておいたほうが、塩分の浸み込みが速くなります。あとは冷蔵庫でひと晩寝かせるだけ。あっという間に美味しいお漬け物ができます。

通常ですと乳酸菌の増えるスピードはゆっくりです。ですから一夜漬けではなかなか乳酸菌のうま味は出てこない。ところが塩麹を入れると、麹菌（麹菌とは微生物そのもの、麹とは米などの原材料に麹菌を生やしたもの、と理解してください）そのものに乳酸菌の成長促進酵素があり、それが野菜の表面に生きている乳酸菌をたちまち増殖させるのです。ひと晩で乳酸菌がわあっと増えます。同じ一夜漬けでも、塩麹を入れたものは乳酸菌の増殖スピードが全然違うのです。

塩麹でつくったお漬け物のうまさは、乳酸菌の出すうま味などと相まってつくられます。漬け物のおいしさは、うま味酵素であるアミノ酸由来だけではないのですね。

ですから、漬け物を取り出したあとに残っている汁を飲むと、これがまたうまい。なにせ麹の入った乳酸飲料なのですから。

ついでにお教えしましょう。お漬け物をつくるときには塩麹に少し、ほんのちょっとのヨーグルトを入れてみましょう。ヨーグルトの乳酸菌が大量に増殖して、さらにうま味を加えてくれます。どんなヨーグルトを使うか？　それは個人の好みであり楽しみです。いろんなメーカーのヨーグルトで試してみてください。

どこの家庭でも、買った野菜をすべて使い切ることはまれだと思います。そんなとき、普通は捨ててしまうような余った野菜をこの方法で一夜漬けにしてみる。とても美味しく、ビタミン豊富なお漬け物ができます。

また、より酸味の強いピックルスをつくろうと思ったら、麹の種類を変えればいいのです。ふつう塩麹に使う麹は甘酒用の黄麹を使います。しかしピックルスをつくるときには焼酎用の黒麹でできた塩麹を使いましょう。なぜなら黒麹はクエン酸を出すからです。このクエン酸の力でより酸味が増します。さらに黒麹のほうが繊維質の分解作用が強いのです。独特の風味のピックルスができます。

しかし黒麹は一般には市販されていません。入手しにくいかもしれません。どうしてもほしいのであれば、わが社にご一報ください。黒麹の入った塩麹をお分けしています。

塩麹で美味しいご飯を炊く

漬け物がうまいと、これはもう白いご飯が食べたくなります。日本人ならではのよき習性です。そこでお米にも塩麹を入れてみる。これでご飯がメチャメチャ美味しくなります。本当です。まず、お米の照りが違う。塩味がつくのか、なんともいえないうま味があるのです。たとえていうと、うまい塩おにぎりの味。

わが家はずっと玄米ですが、玄米に大さじ1杯の塩麹を入れて炊くと、微妙な味がついてうまいのです。たまに女房が入れ忘れることがあります。「なんだこれは！　まずくて食えない」と、つい文句を言ってしまいます。それくらい米粒の美味しさが違います。

わが家が一度に炊くのはせいぜい3合ぐらいです、それに大さじ1杯の塩麹という比率ですね。私は、こうみえても科学者ですから、以前には、「そんなもの、ボイルすると酵素が破壊されるだけだから、味が変わるはずがないだろう」なんて女房に理屈を言っていました。うちの社員も「お米に塩麹を入れるとお米もテカって美味しいですよ」と言うのを、「お前、それは気のせいだよ、そんなはずがないだろう」などと相手にしなかったのです。ところが大さじ1杯の塩麹の威力は絶大でした。実行していた女房や社員のほうが正しかったのです。ふだん麹博士といわれる私も形無しでした。

繰り返します。ご飯を炊くときにお米3合に塩麹を大さじ1杯入れてください。ご飯がすごく美味しくなります。

お魚と肉を塩麹でグンとうまくする

お刺身を一段と美味しく食べる方法です。簡単です、お刺身に塩麹を塗るだけ。ものの５分もしないうちにうま味がバーっと溶け出してきます。使用前と使用後のうまさの違いを感じてみてください。

私は川魚があまり好みではありません。それはひとえに味がないからですが、高級魚とされるタイも、実はあまり味がありません。しかしこのタイも、塩麹に漬けるとぐっとうま味が出ます。食べ残したタイの刺身をひと晩麹に漬けて翌朝食べるのですが、これがうまい。「ほう、これがタイ！」というくらい深みのあるうまさになります。タイのイメージがガラリと変わります。

ついでに、とっておきのレシピをもうひとつ。食べ残した刺身を塩麹に漬け込んで冷蔵庫にひと晩。翌朝、ホカホカのご飯の上にこれをのせてお湯をかけて食べます。最高のお茶漬けになります。その昔、黒瀬地区（鹿児島県南さつま市）の杜氏さんたちに教えてもらった食べ方です。

こうしたうま味が、麹の出すタンパク分解酵素の働きなんですね。

お肉も同じ。

ポークソティの肉を塩麹に漬け、冷蔵庫にひと晩寝かせてから焼きます。調味料も何もいりません。それだけで十分うまく食べられます。ただ、醤油ぐらいはかけてもいいかもしれません。醤油も麹ですからね。

同じ豚肉でも、もも肉やすね肉は硬くて、その分、値段も安いですね。主婦には硬いからと敬遠されがちです。しかし、これを薄くスライスしてナマの甘酒に漬け込むと、肉は麹の働きで柔らかくなり、肉の中のアミノ酸がいっぱい出てきます。もも肉やすね肉でも十分美味しくなります。

それに、こちらの肉のほうが食べるには健康的なのです。いちばん使われた部位なので、ストレスの毒が他の部位よりも少ないのです。

ひと晩漬けておいて、翌朝、生姜焼きにするか、あるいはタマネギと一緒に煮込んでもいいでしょう。これをかけた「豚丼」のうまさは格別です。

なにより麹には脱臭作用があるので、ブタ臭さがなくなります。動物臭さがとれるのです。ジンギスカンに供されるヒツジの肉も、匂いが苦手と嫌う人もいますが、あれもとれます。

注意するのは、漬けすぎです。漬けすぎると肉が塩からくなります。そんなときは塩麹の代わりに生の甘酒に漬けてみてください。塩っからさがなくなります。砂糖もいりません。甘酒の甘みでオーケーです。ただし市販の甘酒は殺菌されているので、酵素も破壊されています。麹本来の効果はないのでご注意ください。

ここで重要なことは、塩麹に漬けた肉は、それで血抜きになっているということです。ふつうの肉は焼くと血汁（ドリップ）が出ます。麹に漬けこんだ肉は焼いてもドリップは出ません。私もよく料理しますが、塩麹に漬けた肉はフライパンで焼いても、ドリップは出ません。

血抜きとはどういうことかというと、肉の中にある程度入っているストレスの毒が、みんな消されるということです。麹が肉の中のストレスをとって、健康的にするのです。お肉を食べるときは、塩麹がぜったいおすすめです。

まったりと美味しい麹豆腐と麹たまご

次は豆腐。これも塩麹でガゼン美味しくなります。

豆腐をガーゼにくるんで塩麹の中に漬けます。そうすると浸透圧のちがいで豆腐の中の水分が外に出ます。一方、塩麹の酵素が豆腐の中に入っていきます。酵素は豆腐の中のタンパク質をどんどん分解して、うま味成分のアミノ酸を出していきます。豆腐自体がきゅっと締まり、たとえていうとカマンベールチーズみたいな感触に変わります。最終的には高野豆腐みたいに硬くなりますから、そのままで酒のつまみにもなります。

要は豆腐を塩麹に漬けると、本来の豆腐から様変わりして、独特の逸品ができるというわけです。これも、掛け値なしにうまい。沖縄には紅麹でつくった「豆腐よう」があります。あれと似たようなものです。あの珍味を愛する人なら、この麹豆腐の味もこたえられないでしょう。

そして麹たまご。

なんのことはない、たまごの黄身を2日ほど塩麹に漬けるだけです。黄身が半熟状態に固まります。まあ食べてみてください。えも言われぬ美味しさに、きっとやみつきになるはずです。まったりとした黄身にうっすら塩味がきいたところなど、まさしく天の配剤ともいえるほどの美味です。

焼酎とビールに合う塩麹料理

九州にはお酒に合う肴(さかな)やつまみが数多くありますが、特に焼酎とビールに合う麹料理がありります。妻がふだんの食卓に出してくれるものです。最初のふたつは焼酎用、あとのふたつはビール用です。

☆「野菜の塩麹漬け」

材料は、

野菜（きゅうり・大根・にんじん）。
塩麹（使用する材料の1割ほどの量）。
塩少々。
つくり方は、
①野菜を食べやすい大きさに切る。
②かるく塩をふり、約15分ほど置く。
③水分が出てきたらふきとる。
④密閉容器に野菜を入れ、塩麹をまぶす。
⑤容器にラップをして、冷蔵庫に1日置く。
⑥1日置いたものを盛り付けして完成。
☆「卵の黄身の塩麹漬け」（前ページの「麹たまご」のレシピです）
材料は、
卵（黄身）６個ほど。
塩麹　２００グラム（これで3回ぐらいは使います。そのあとは捨てます）。
薄口醤油　50グラム。
つくり方は、

①塩麹と薄口醤油を合わせ、トレーにうつす。
②キッチンペーパーを水にぬらして絞り、それを①の上に広げる。
③スプーンなどでキッチンペーパーにくぼみをつくり、その上に卵の黄身をのせる。
④ふたをして、冷蔵庫で2日置く。
⑤2日たったら盛り付けして完成。

☆「麹のブルスケッタ」
塩麹大さじ3杯に、ごま油と黒こしょうをそれぞれ小さじ1杯、混ぜ合せてペースト状にする。これを焼いたバケットの上にのせて食する。刻んだトマトをトッピングしても美味しい。

☆「鶏肉のから揚げチップス」
材料は、
鶏の胸肉またはささみ300グラムほど。
塩麹大さじ2杯。
黒こしょう、お酒少々、片栗粉適量。
つくり方は、
①鶏肉を薄くそぎ、肉を麺棒で伸ばす。

②これをお酒、塩麹、黒こしょうでよく揉む。
③片栗粉をまぶしたのち、さらに麺棒で薄く伸ばす。
④油で揚げる。
さあ、焼酎とビールを用意してください！

グングン酒が進みます。

スープがすっきり澄んで美味しい「麹ラーメン」

九州ラーメンといえば、ご存じのトンコツ味。鹿児島ラーメンも同じトンコツ味です。ふつうは豚骨を3日ぐらいコトコト煮込んでダシを取りますが、そうすると余計な脂やタンパク質なども出てきます。ですから、スープは濁って雑味もあります。トンコツラーメンが苦手だという人はあれがイヤなんですね。

そこで今私が試作しているのが「麹ラーメン」。

麹を使うことで脂やタンパク質が分解され、スープの濁りもなくなり、雑味もとれます。これまでとは全然違うトンコツラーメンです。

米麹はお米にカビを生やしてつくりますが、それと同じ要領で豚骨に麹を生やして「麹豚骨」にします。それを煮出すのです。そうすると麹の出す酵素が効いてくるので、どんどんタンパク質を分解してアミノ酸を出し、そのアミノ酸の量は通常の10倍にもなります。ダシは白く濁らず、半透明。うま味もあり、すっきりしたスープになります。その味はまちがいなくトンコツ味ですが、全然ブタくさくありません。ケモノ臭が消えるのです。

チャーシューも同じです。豚バラを糸で巻いて塩麴にチャポンと漬けます。それを醤油の中に入れて煮出すと、まったくうま味が違ってきます。

これまでのラーメンの味はほとんどが化学調味料をベースとしています。しかし麴ラーメンでは麴菌の酵素が大量のアミノ酸をつくるので化学調味料を必要としません。ですからスープを飲んだあとで舌の奥に残るイヤな後味を感じないのが特徴です。

麴豚骨でダシをとったスープに、その味を効率よく広げてくれる縮れ麺。その上に塩麴でつくるケモノ臭のないチャーシューと塩麴卵をのせた麴ラーメン。

これはうまいです。

ただ、従前どおりの濃厚な味をお好みの方には、味がすっきりしすぎてパンチに欠けるかもしれません。これは好き嫌いですね。

掛川茶の味にも匹敵する「麴茶」

最近あちこちで「麴茶」なるものが販売され、特許申請中となっています。お茶の葉に麴を生えさせたものです。身体にいいポリフェノール（抗酸化成分）を多く含むというのがセールスポイントです。

しかし申請は私が最初だったのでしょう。わが社の特許になることがほぼ確実になりました。もっとも特許がとれたとしても、他の業者への特許侵害の請求は考えていません。みんなで成長すればいいのですから。

ただし茶での麹づくりは本当にむずかしいのです。その証拠に私がうまいと思う麹茶はまったくありません。どれを試してみても、「まずい！」のひと言です。なぜかといえば、それは、麹の違いです。麹づくりの腕の違いがはっきり出ます。自分で言うのもなんですが、私がつくる麹茶は他のものとは明らかに一線を画しています。１００年続いた種麹屋ですから、これは自信があるのです。

この麹茶を急須（きゅうす）に入れて、お湯を注ぎ、お茶を淹（い）れる。これが麹茶です。麹由来の酵素とポリフェノール、さらにはお茶由来のポリフェノールがマッチして、独特の和製プーアール茶になります。強力な酵素と豊富なビタミンA。そしてなによりも、「うまい！」という食感があります。

これにいちばん近いのが掛川茶の味でしょうか。そのうまさの由来は、通常のお茶には溶出しない成分――タンパク分解酵素のプロテアーゼが麹の力で豊富に出てくるからです。

それに、もともとあるお茶の抗酸化作用と麴の持つ抗酸化作用とが相まって、抗酸化力がすごく高くなります。身体にいいわけです。

麴茶はすごい。

しかし、これはまだ販売していません。動物実験からスタートしています。

というのも、実験中に不思議な力が見えてきたからです。

どうやらこのお茶は、メタボを解消するようなのです。

麴茶には酵素が豊富に含まれることから、私は当初、ブロイラーの飼料に使ったら肥育促進になるのではないかと考え、試験を重ねていました。

ところが結果は、逆に痩せてしまったのです。それも腹腔内脂肪の減少という形でした。

腹腔内脂肪の減少？　うむ、これはひょっとしたら、メタボに効くのでは……？

ということで、今はマウスやブロイラーを使って効率のいい使用方法を検討中です。というのも、麴はとりすぎると効かない場合がけっこうあるのです。どの程度与えるといちばん効率よくメタボ解消の結果が出るか、それを調べています。美味しい上に健康にも良い麴茶。

これは、乞うご期待です。

砂糖の代わりに麹の甘みを

砂糖のとりすぎは身体によくないといわれます。甘みの害ですね。特に白い砂糖はよくないとされています。

白砂糖は体内に吸収されやすいので、急速に血糖値が上がります。そうするとこれに対応してインシュリンが分泌されて、血糖値は急速に低下します。低血糖になるのです。つまりオーバーシュート、行きすぎです。

するとどうなるかというと、これに対応してアドレナリンが分泌されます。アドレナリンは一種の興奮剤ですから、急に怒鳴りだすとか、切れやすくなるなどの弊害が出てきます。これが危険なのです。

また糖分にもいろいろな種類がありますが、白砂糖の糖分はショ糖です。これは腸内で悪玉菌のえさとなりやすいので、腸内環境を悪化させます。さらに白砂糖はあまりに精製されているのでミネラルを含んでいません。ミネラルを含まない白砂糖を大量に摂取すると、カルシウム不足をきたす危険性さえ指摘されています（ただしこの説には反論もあります）。

だからみなさんが黒糖などに走るのです。

黒糖もいいのですが、その昔、日本人にとって砂糖なんてぜいたく品だった時代、日常的にとってきた甘みは、主として麹に由来するものでした。甘葛（あまくず）や、蜂蜜などもあるにはありましたが、主には麹に由来する甘味です。ひな祭りなどにいただく甘酒がそうですね。甘酒はめったにお目にかからなくなりましたが、今なら甘酒に日本酒あるいはラム酒などをブレンドしてつくるカクテルがおすすめです。甘酒のやさしい甘さとピリッとした酒精のハーモニーが絶妙です。

甘さで思い出すのが、ピーナッツバター。今の日本人はあまり食べなくなりましたが、欧米の子供たちは大好きです。朝の食卓の定番ですね。欧米人の肥満の一因はあのピーナッツバターにあるのではないかと私は疑っています。

むろん、ピーナッツアレルギーの子供には食べさせられません。しかしどうしてもあの味が欲しいという子もいるでしょうね。

いい方法はないか。

これがちゃんとあるのです。

同じようなものを甘酒とごま油でつくれます。

甘酒にごま油を加えてミキサーで混ぜる、それだけです。

これを舐（な）めてごらんなさい、ピーナッツバターとほとんど同じ味がします。パンにのせて食べるとすごくいい味がします。

今、あるところに頼まれてイチゴジャムをつくっています。みなさんは通常、砂糖をドッサリ入れてつくっています。やめましょうと私は申しあげました。

砂糖の代わりに、麹で甘みをとるのです。麹とイチゴを混ぜて煮詰めると、立派なジャムができます。みなさん、砂糖はダメだと口では言いますが、そのくせ実際には、なかなか実行していないのですね。

やればできます、麹を使ってください。

麹の持つ自然でやさしい甘さは格別です。

美味しいどぶろくを造ろう

昨年来、私がミクシー上で麹の話を書き始めたら、フォローしてくださる方がグンと増えて、これには驚いています。麹の話は今や旬（しゅん）の話題なんですね。

どぶろく造りに興味を持たれている方もけっこういらっしゃいます。そこで、簡単などぶろくの造り方。

1．甘酒を準備します。

甘酒はできるだけ中小メーカーのものがいいですね。なぜかというと大手企業のものは、生菌（なまきん）の数などに厳しい制限をつけていて、生菌を殺すための殺菌処理が施されて、肝心の酵素がないものが珍しくないからです。

2. 甘酒の甘みを糖度20%程度に薄めます。

これは糖度計があれば簡単ですが、一般の人には無理ですね。こうしましょう。水で甘酒を薄め、市販の缶ジュース程度に甘みを調整してください。

3. 少し古くなったマッコリを大さじ1杯、その甘酒の中に入れます。「少し古い」とは、新品を冷蔵庫に2週間くらい置いた状態です。ただしマッコリなら何でもいいというわけではなく、酵母が生きている生のマッコリがベストです。「源一郎さんのマッコリ」なら理想的。これについては3章で詳しく述べます。

4. これを室温に置いて、ブクブクと泡が吹くのを待てばいいのです。暖かい季節なら、早ければ1日で泡を吹き始めます。もうこれで十分飲めますが、あとは自分の好みのタイミングで飲んでください。どぶろくやマッコリの特徴は、どんどん発酵が進み、時間とともに味（甘さと酸味）が変わっていくことです。

ここでのポイントは本物の甘酒（酵素が生きている生の甘酒）を使うこと。本物の甘酒には酵母の成長を促進する作用がしっかりとあるからです。

もうひとつのポイントは生きたマッコリを入れること。「源一郎さんのマッコリ」には生の酵母と乳酸菌が生きていて、その結果、アルコール発酵が速く進みます。

注意していただきたいのは、この１～４の作業はできるだけ清潔な環境で行なうことと、甘酒以外に余計なものは入れないこと。これを守ってください。

守るべきことはもうひとつあります。これは重要ですよ。アルコールの濃度が１％以上になると、酒税法違反となり、造った人は罰せられます。くれぐれもご注意ください。これは自己責任でお願いします。

マクガバン・レポートでも証明された日本食

塩麹があれよあれよという間にブームになるのを見ていて、「あ、そうだ」と思い出したことがあります。

ちょっと古い話になりますが、１９７７年、米国で国民の栄養状況に関する興味深いレポートが出されました。上院に設置された「国民栄養問題アメリカ上院特別委員会」が７年間の歳月と巨額の国費を投入して行なった世界的規模の調査・研究の報告書です。委員長ジョージ・S・マクガバンの名前をとって、「マクガバン・レポート」と呼ばれます。

その中に、健康にいい理想的な食事として、元禄時代以前の日本食が取り上げられていたのです。当時日本でも大々的に報じられましたから、ご記憶の方も多いことでしょう。

元禄以前といえば、まだ精米の仕方がわからなかったので、お米は玄米で、季節の野菜と海草、小魚が主な食事でした。マクガバン・レポートはこれを理想的な食事としたのです。
「諸々の慢性病は、肉食中心の誤った食生活がもたらした『食原病』であり、決して薬では治らない（中略）。われわれはこの事実を率直に認めて、すぐさま食事の内容を改善する必要がある」として、アメリカ人のための食事改善の指針が示されていました。

具体的には、肉・乳製品・卵といった動物性食品などの高カロリー・高脂肪食品を減らし、できるだけ精製しない穀物や野菜・果物を多くとるようにと。

もっと単純にいえば、野菜や小魚を食べ、雑穀類を食する、ということ。

まさにそのとおりなのですが、麹専門家の目でいえば、ここで忘れてならないのは、その時代の食生活の基本は麹だったということです。味噌・醤油が生活の基本にどっしり腰を下ろし、甘いものも麹でとり、うま味も麹でとる。健康を基本に考えると、これは最高の形だったと思うのです。

マクガバン・レポートが出て、アメリカはむろん全世界が驚きでこの提言を受けとめ、「健康」や「食」を見直す大きな潮流が生まれました。

50年近くたって、今やっと日本に塩麹ブームがやってきたということになります。同レポートが、精米法がまだ確立されていない元禄以前の「江戸めし」に着目したのは慧眼（けいがん）でした。

戦後、この国は外来文化に小躍りし、おのれの足元を忘れた観があります。「食」でも、世界中の料理を食べ漁り、一億総グルメと化しました。あげくの果てに「子供の肥満がどうの」「おやじのメタボがどうの」などと大騒ぎしています。麹ブームの到来は、そろそろ本(ほん)卦還(けがえ)り、原点回帰への誘いを意味しているのかもしれませんね。ブームはすぐに消えるものですが、麹を一過性にしてしまうのはもったいないと思います。

いつでも、どこでも麹のある暮らし。

ぜひ心がけてください。

《第2章》

ホンモノの塩麹を味わう

塩麹ブームのおかげで今や麹メーカーはどこもかしこもてんてこまい。おまけに原料の米まで足りなくなってきました。わが家にも前年を大幅に上まわる大手企業からの生産依頼が来ています。そうなると心配なのは塩麹の品質です。

巷には「偽物の塩麹」がけっこう出回っていることをご存じでしょうか。麹が本来持っている酵素の力がほとんどなくなっているのが、私の言う「偽物」です。これではほとんど塩麹を使う意味がなくなります。

ここで、麹の持つ力の秘密について、少し専門的な解説を試みながら、本物の塩麹の見分け方をお教えしましょう。

「こうじ」と「こうぼ」と「こうそ」の違い

麹について、最近あれこれお問い合わせをいただくようになりました。そこであらためてわかったことがひとつあります。

どうも一般の方々の多くは、「こうじ」と「こうぼ」と「こうそ」を混同しているようなのです。三つとも三文字で「こう」までは発音が同じ。混同してもおかしくありませんが、でもこの三つはまったくの別物です。

こうそは「酵素」。

こうぼは「酵母」。

こうじは「麹」。

表記の漢字もまったく違いますね。

まず、こうそ（酵素）。

これは生き物ではありません。専門的にいえば「触媒」です。

そうですね、たとえていえば、ハサミのようなもの。

私たちはお肉やご飯を食べるとき、そのままでは飲み込むことができないので、噛み砕いて食べますね。しかしそれでも、腸の粘膜から吸収するにはまだまだ大きすぎます。私たちが食べる肉やご飯は分子量が大きいので、とてもそのままでは身体が吸収できないのです。

そこでお米に含まれるデンプン質を糖に、肉に含まれるタンパク質をアミノ酸に細かく分解する役割を持つのが酵素です。つまりデンプンやタンパク質を細かく切るハサミの役割が酵素という物質です。この酵素がなければ私たちは栄養素を体内に吸収することができません。

酵素はすべての生命体が生命を維持するために必須の、非常に重要な物質です。この重要な酵素を生産するのが麹なのです。

次に、こうぼ（酵母）。

酵母は微生物の一種です。

酵母といえば、一般になじみ深いのはパン酵母（イースト菌）でしょう。酵母は糖を食べてアルコールと炭酸ガスを出します。パンをつくるときには、酵母の出す「炭酸ガス」を利用してパンを膨らますのです。お酒を造るときには酵母の出す「アルコール」を利用してお酒を造ります。

いうなれば炭酸ガスは酵母の「おなら」、アルコールは酵母の「汗」というところでしょうか。

最後に、こうじ（麹）。

麹は微生物です。それもカビの仲間です。たとえば米麹とは蒸したお米の表面に麹カビが生えたものをいいます。

麹は大量の酵素を生産します。私たちが生命を維持するのに必要な酵素の7割は麹が生産しているといわれますから、麹は実に大切な微生物です。

もちろんあらゆる生物が酵素を生産しているのですが、たいがいの生物は体内にその酵素をとどめておいて外に出すことはありません。

ところが麹は、出し惜しみせずに、さまざまな酵素を外に分泌します。たとえば「糖化酵素」。これを利用してお米のデンプンを糖に変えて造られるのがお酒です。

ちなみに酒造りの工程は次のようになっています。

まず麹が糖化酵素を生産します（ホップ）。

この酵素がお米のデンプンを糖に分解します（ステップ）。

この糖を酵母が食べてアルコールを生産します（ジャンプ）。

つまりお酒は、麹、酵素、そして酵母の見事な連係プレイで生産されるのです。

これに対してお味噌造りでは、麹の生産する「タンパク分解酵素」を利用しています。原料の大豆のタンパク質が「タンパク分解酵素」によって分解され、やがて味噌になるのです。

醤油造りもこれに準じます。

「麹」と「酵母」と「酵素」の違い、そしてその連係プレイについて、少しおわかりいただけましたか。麹と酵母と酵素のゴールデントライアングルがなければ、お酒もお味噌もお醤油も、この世に生まれませんでした。

早期熟成の甘い塩麹は問題です

味噌・醤油造りと同じように、麹菌の出すタンパク分解酵素を料理に利用しようというのが「塩麹」です。浅漬けやお肉、魚などがいともあざやかに美味しさを増すのは、塩麹の出すタンパク分解酵素の働きなのです。

麹に水を加えれば麹の酵素が水に溶け出します。この酵素を刺身や肉に漬けると、タンパク質が分解されてアミノ酸に変わり、うま味を増してくれるのです。

しかし、単に麹に水を加えるだけでは、麹は腐敗するかアルコール発酵を始めてしまいます。これを防止するために塩を入れる。それが塩麹です。理由なく塩を使っているのではないのですね。

問題なのは、最近、甘みの強い塩麹が多く出回っていることです。甘みの強い塩麹というのは、すなわち「早期熟成」の麹です。米麹を60度ほどの温度で短時間に溶かしたもので、早い話が、加熱処理で甘みを出しているのです。

ところがうま味をつくるタンパク分解酵素が働くのは30〜50度前後です。塩麹の温度を60度まで上げると、タンパク分解酵素は分解して量が減るか、あるいは消えてしまいます。それでは塩麹を使う本来の意味は、ほとんどなくなってしまいます。

どうかくれぐれも塩麹を、甘酒のようにお燗しないでください。

塩麹がいちばん有効に働く温度は30〜50度なのです。

常温で時間をかけて発酵させた塩麹がベスト

そこで出回っている塩麹を大別してみます。

1．酒粕に塩を混ぜたもの。
2．麹と塩と水を混ぜて60度で高温処理しているもの。
3．麹と塩と水を混ぜて常温で時間をかけて発酵しているもの。
他にもいろいろありますが、とりあえずはこの程度でしょう。

では、これらの中で、どの塩麹が最もいいのでしょうか？　前項でちょっと説明しましたからおわかりだと思いますが、
答えは３です。

１の「酒粕に塩を混ぜたもの」は、酒屋さんがお金をかけずにもっとも手っ取り早くつくれるもの。アミノ酸も豊富にあり、けっこう美味しいです。

しかし、酒粕は、酒粕になるまでに長期間アルコールにさらされており、酵素の力が弱くなっています。ですから肉や魚のうま味を引き出すには不十分です。

２の「60度で高温処理した塩麹」。これは前にも述べましたが、麹を短期間に溶かすために温度をかけています。しかし60度ではタンパク分解酵素は壊れてしまい、残るのは糖化酵素だけ。ですから一夜漬けをつくるぐらいならいいでしょうが、肉や魚には使えません。

３の「常温で時間をかけて発酵させた塩麹」。これがパーフェクトです。麹が溶けるまでには時間がかかりますが、タンパク分解酵素がしっかり残っています。ほどよく溶けるのが

1週間か10日ぐらいです。

つまり塩麴でうま味を引き出すには、タンパク質を分解してアミノ酸をつくる酵素「プロテアーゼ」が必須です。しかし1と2は、そのプロテアーゼが少なすぎるのです。

でも、普通の人にはこれは判断できませんね。見ただけではわかりませんから。

そこで、簡単な見分け方をお教えしましょう。

塩麴の見分け方

専門的にいえば、塩麴の本物と偽物を見分けるには、次の方法があります。

まずご飯にその10倍量の水を加えておもゆをつくります。これをガラスのコップに30ccずつ入れます。

それが右上の写真。最初は、全部同じ白濁状態ですね。

次に、①と③と④のおもゆに5滴ずつ塩麹を垂らします。①と③と④では入れる塩麹の種類が違います。

①がわが社の塩麹（本物）を入れたおもゆ。

②が塩麹を入れないただのおもゆ。

③が他社製の本物の塩麹を入れたおもゆ。

④が他社の、酵素が破壊された塩麹（偽物）を入れたおもゆ。

そしてなるべく暖かい場所にこのコップを置きます。すると1時間後、おもゆは次のように変化します。どうでしょうか。①と③がうっすらと透明になっているのがわかりますね。

これをひと晩置くとその差はより明快にな

ります（上の写真）。

①と③の上澄みは見事に透明になっているでしょう。

このようにおもゆの上澄みをひと晩で透明にできるのが本物の塩麹なのです。

これはおもゆに含まれるデンプン質に、塩麹に含まれるデンプン分解酵素が作用して糖に分解された結果、このように透明になるのです。

少し面倒くさいかもしれませんが、本物と偽物を見分けたい方は挑戦してみてください。科学心のある人にはけっこう楽しいはずです。

もっと手っ取り早い方法は、塩麹を舐めてみること。

舐めてみて甘いのはダメです。その甘みは酒粕由来か、高温処理してデンプンが分解されてできる甘みだからです。でも購入してから舐めたのでは、時すでに遅しですね。現状では何度か購入しては試してみるしかないのですが、信頼できるメーカーをネット情報などで見つけることができます。

実際私も、依頼を受けて某社製の塩麹をチェックしたことがありますが、肝心の酵素はほとんど含まれていませんでした。困ったことです。

塩麹は自分でつくるのがいちばん

ではなぜ、米麹と塩だけでつくった塩麹に酵素が含まれない場合があるのでしょうか。それは酵母の発酵と関係があります。

自然界に酵母がたくさんいることは前に書きましたね。塩麹の場合も、やはり自然界の酵母が必ず飛び込んできます。飛び込んできては塩麹の中に含まれる糖分を食べて炭酸ガスを出します。

すると、どうなるか？

最悪の場合は、塩麹を入れた容器が炭酸ガスの圧力で破裂してしまいます。これでは、買った人や店からのクレームの嵐になってしまいます。それはそうでしょう。もし店舗の棚で塩麹が爆発したら、それこそ大変。塩麹の人気爆発でお店の陳列棚が爆発だなんてシャレにもなりませんね。

これを防止するには、酵母の発酵が終わるまで待って、時間をおいて出荷すればいいのです。でも今は注文が殺到しているので、メーカーはその余裕もなく、詰めたらすぐに出荷してしまいます。塩麴に飛び込んできた酵母を殺すために高温処理しているのです。そうすると温度にもよりますが、60度以上では塩麴の酵素の大半は破壊されてしまいます。

こんな理由で、最近は酵素のない塩麴が市販されているケースが多いのです。

どうしたらいいのでしょう。

できれば、塩麴は水を加える前の乾燥した状態のものを購入し、自分で水を加えて1週間ほどかけて発酵させる。これがいちばんです。ちょっとした手間を惜しんでは、本物は味わえません。

自宅にある容器に入れ、密閉せずに冷蔵庫で保管しておけば、爆発の危険もなく、塩麴に含まれる酵素を十分に利用できます。

〝麴は白い〟という誤解

塩麴の普及に伴って、ときどきお客様から質問があります。

「いただいた塩麴は色がついてるんだけど、大丈夫？」

古いものではないか、あるいは変質しているのではないかと疑っているようです。決してそんなことはありません。大丈夫です。

日本人には本能的に、モノは白いほど品質がいいという誤解があるようです。これは拭い捨ててください。「イワシの頭も信心から」の類の盲信です。塩麹に使っている麹菌は黄麹、つまり色は黄色です。逆に、色が白い麹はまだ未熟な麹で、酵素は十分に出きっていない場合が多いのです。

酵素を大量に出す良質の麹ほど、色は黄色みが強くなると思ってください。白いほうが好きというのは、あくまで個人の好みです。これにケチをつける気はありませんが、塩麹を使う本来の目的である酵素を有効に活用するには、若干黄色みがかった塩麹のほうが有効である。そのようにご理解ください。

そもそも、私たち日本人は「黄色人種」じゃないですか。「黄色」は幸せを呼ぶ色ですよ。

麹は多様な機能を持つ

麹の持つ機能は多様です。素材の持つうま味を上手に引き出すスーパー調味料であるばかりでなく、人や動物の健康、植物の生育にもたいへんすばらしい効果を発揮します。

これまであまり注目されてきませんでしたが、麹に含まれる「ポリフェノール」には、人間に有益な酵母や乳酸菌などの成長を促進する効果があります。そればかりか、農業の分野で注目されている「光合成細菌」「放線菌」「亜硝酸還元菌」さえも強化します。

さらには免疫抵抗力を強化する働きもあります。最近話題のがん細胞を食べるNK細胞も麹は強化してくれるのです。これについてはあとで詳しく述べます。

ですから、とくべつに麹そのものをとらなくても、塩麹に漬けた刺身を食べ、塩麹に漬けた肉や野菜を食べる。そういう食習慣を身につけ、麹に慣れ親しむ生活を送っていると、結果的に麹を体内に多くとり入れることになります。そうするとどんどん、身体の免疫抵抗力がついてきます。滅多なことでは風邪もひかなくなります。

これが、私の言いたい「美味しい麹健康法」です。

塩麹の食文化はとてもすぐれた日本人の知恵です。

ぜひ正しい塩麹の使い方を知っていただきたいものです。

《第3章》

麹で健康になる

正直なところ、これまで麹といえば、一般的には味噌や醤油などの発酵調味料、清酒や焼酎を造るための道具としてしか考えられていませんでした。それが実態です。あくまで脇役。地味な存在でした。

それはそれで実に大した力なのですが、麹の力はそれだけではありません。麹にはそれさえも影が薄くなるような、人の健康や医療の面で、とんでもない力を持っているのです。ひと言でいうと、「身体の持つ本来の機能をみがく」働きです。脇役どころか、立派な主役を張れる力量を持っているのです。

具体的には、

◎酸化を防いで老化を抑える強力な「還元作用」を持っています。
◎免疫抵抗力を強化します。
◎消化促進をしてくれます。
◎アレルギーも軽減してくれます。
◎腸内菌を健康な状態にしてくれます。
◎がんの成長を抑制します。
◎花粉症を退治します。
◎メタボを改善する効果もあります。

◎放射能を洗い流す力もあります。
◎家畜の成長を促進してくれます。
◎私たち人間や動物のストレスを軽減してくれます。

思いつくままに挙げても、これだけのすばらしい効果があるのです。

これは、決して誇張ではありません。麹の力は本当にすごいのです。

私はこの麹の本当の力を、口先だけではなく、自分の実践を通して世に知ってもらいたいと考え、実際に行動を起こしてきました。

この章では、麹がどれだけ健康にいいのか、私の40年にわたる実体験といくつかの研究成果、得られた知見をお伝えします。

焼酎杜氏はがんにならない

私の父の会社「河内源一郎商店」は焼酎用の種麹の製造会社です。よい麹をつくるために欠かせない種麹をつくって焼酎メーカーに卸しています。当然、杜氏さんとの付き合いが欠かせません。焼酎造りが始まるのは夏の暑さが過ぎて芋の収穫が始まる9月からです。

河内源一郎商店では、毎年8月の盆明けに杜氏さんを集めて飲み会を開催していました。

場所は、杜氏さんたちの集落のある鹿児島県笠沙町（かささちょう）（現在は南さつま市）の唯一の料亭「遊浜閣」。

薩摩半島の突端にある笠沙町は「古事記」天孫降臨の段にも出てくる歴史の古い町です。美しい景観を誇り、その昔ショーン・コネリー主演の「００７は2度死ぬ」の舞台にもなりました。当時の九州の焼酎は、ほとんどこの笠沙町の杜氏さんたちによって仕込まれていました。彼らが九州一円の焼酎工場に派遣されて、九州の焼酎造りの礎（いしずえ）を築いたのです。

私が大学院を修了して鹿児島に帰ったのは昭和52（１９７７）年のことでした。このとき初めて杜氏さんの飲み会に参加しました。

杜氏グループの頂点にいた古老がまだ若造だった私に向かってこう言いました。

「おまんさあ（貴方）が河内先生のお孫さんな。おいたちゃ（俺たちは）河内先生に足を向けて寝ることはできんとよ。河内先生がこの杜氏部落をつくってくれたんじゃから」

初めて外から聞く祖父への評価でした。

それにしても、初めて参加したこの飲み会は実に過酷なものでした。東大を出た若先生が来たということで、２００名を超える杜氏さんたちが次から次へと焼酎の返盃を求めてくるのです。事前に牛乳をガブ飲みして備えたものの、トイレでお腹の焼酎を戻してはまた飲む。その繰り返しで、軽く2升は飲んだでしょうか。

杜氏さんたちの飲むこと、飲むこと。１５０本ほど持参した焼酎は午後10時を過ぎる頃はほとんど空になっていました。

このときふと思ったのが、「こんなに焼酎を飲んだら、肝硬変か肝臓がんにならないのだろうか」という疑問です。学生時代に抗がん剤の研究をしていた私としては当然の心配です。

その後も10年間、私は毎年笠沙町の飲み会に出席してきました。あるときふと気がついたのが、この大酒飲みの杜氏さんたちに、飲みすぎによる肝硬変の患者はいるものの、肝臓がんの患者はいないという事実です。

当初私は、これは笠沙の町には遺伝的にがんの要素を持つ人が少ないのだと結論づけていました。がんは遺伝するからです。

ところが杜氏さんたちとの付き合いを続けるうちにわかってきたのは、杜氏さんにがん患者はいないが、その家族にはけっこうがん患者がいるという事実でした。

私は考えました。

杜氏さんにがん患者はいない。しかしその家族にはがん患者がいる。では杜氏さんの共通点はなんだろう？

そしてある日、いつものように焼酎工場を訪問していたとき、その工場の杜氏さんが私に「先生、この焼酎もろみの味を見てくれんな」と言うのです。もろみとは蒸留する前の焼酎原液のことです。その温度管理は焼酎の製造ではとても重要なプロセスです。でも当時、温度センサーはとても高価なもので、ほとんどの工場では1日に2回、杜氏さんが温度計を入れてもろみの温度を測っていたのです。

しかしこれでは、完璧な温度管理はのぞめません。もろみの温度は時々刻々変わります。そこで杜氏さんたちはもろみを直接ペロッと舐めて、その味からもろみの発酵具合を判断していたのです。

もろみの味は「甘酸苦渋辛（かんさんくじゅうしん）」といいます。つまり適度なバランスの甘み・酸味・苦み・渋み・辛みが揃ったときに、いいもろみと判断するのです。

私もその頃には、〝焼酎の神様〟といわれていた父からの直伝と長年の修行で、しっかりと甘酸苦渋辛の味を判断できるようになっていました。

「杜氏さん、良かもろみになっちょる。糖分から来る甘みが切れて、麹の酸味と酵母の苦みと渋み、さらにアルコールからくる辛みのバランスがとれちょる。これなら良か焼酎になるよ」と答えたものでした。

そのとき突然、忘れていた疑問がよみがえってきました。そうだ杜氏さんの共通点は「麹菌でできたもろみを舐めている」ことだと。

（彼らは麹菌を舐めているからがんにならないのではないか。それなら……？）

私は会社に帰るなり、研究室で河内菌を使った飲料づくりにとりかかりました。「飲む抗がん剤」をつくろうと思い立ったのです。

当時黒麹は、クエン酸を出すので酸っぱすぎ、とても焼酎以外には使えないと思われていました。私がやりだしたことを見て、父までもがバカなことをするなと私をたしなめるほどでした。

しかし何回かの失敗を重ねて完成した麹ドリンクはすばらしい出来でした。適度な酸味を持ちながら、甘くて美味しい。

それまで反対していた父も、「これならいける」と褒めてくれました。

とはいっても河内源一郎商店は種麹の製造販売会社です。一般への販売ルートは持ちません。ドリンクは完成したものの、たまに思い出したようにつくって自分で飲むことで満足していたのです。

がんで亡くなった叔父の遺言

特製の麹ドリンクが完成して数年後のこと。叔母（父の妹）から電話があり、叔父が食道がんになったと知らされました。それもかなり進行していて、すぐに手術しなければならないというのです。

叔父は鹿児島大学農学部生化学研究室の教授でした。彼の生涯を通しての研究テーマは、ソテツの実に含まれる「サイカシン」の研究。

ソテツの木は鹿児島ではあちこちに見られます。このソテツの実に含まれるサイカシンという物質は強力な発がん物質です。この事実を最初に発見したのが叔父なのです。研究を長年続けるうちに微量のサイカシンが徐々に体内に蓄積したのでしょう。研究者もこうなると命がけです。

叔父は1ヵ月後に胃と食道を摘出して大学病院を退院しました。しかし、その後が大変。食欲が湧かない。食べるとすぐに吐く。無理して食べると今度は猛烈な便秘。

そんな状況を聞いて、私はふと、あの麹ドリンクなら叔父も飲めるんじゃないかと考えたのです。もともと頑固で私の研究などバカにして見向きもしないような叔父でしたが、万策尽きていたのでしょう、このときばかりは素直に、私のすすめる麹ドリンクを飲む気になったようです。

紙コップに注がれた麹ドリンクを恐る恐る口にした叔父でしたが、ひと口舐めるとあとはスムーズに飲み込んでくれました。

すでに胃は切って、もうありません。戻すかなと思いきや、いつまでたっても叔父は平然としています。そして、こう言ったのです。

「正博、これなら俺も飲めるぞ。また持ってきてくれ」

あとで叔母に聞くと、どうやらこの麹ドリンクを飲んで、便秘も解消したようです。しかし、時すでに遅く、がんの進行は止められません。一時は大学に復職するまでに回復した叔父でしたが、1年もしないうちに再入院。もうこの頃には私がつくる麹ドリンク以外は口にすることができなくなっていたようです。

そして叔父が亡くなる1週間ほど前のことでした。私が病室に行くと無口な叔父が珍しく話しかけてきました。

「正博、この麹ドリンクは絶対にがんに効くぞ。がん患者の俺が言うんだからまちがいない。このドリンクを飲んだときだけ、苦しさから解放されるんだよ。俺が元気になったらこのドリンクを研究するんだがなあ……」

叔父は亡くなる最後の1年間は、ほとんどこの麹ドリンクだけで生きていました。

その後、ある製薬会社にこの麹ドリンクの抗がん作用を調べてもらったところ、結果は効果大いにあり、という答えが返ってきました。

しかし肝心の私が、毎日の麹づくりの仕事に追われて、いつしか麹ドリンクは忘却の彼方へ。当時は第二次焼酎ブームで、連日連夜、大分県のあちこちで麦焼酎の製造指導に追われていたのです。

前立腺がんが消えた！

叔父が亡くなって5年後の40歳、私は父と袂を分かち、「錦灘酒造」の社長を継ぎ、鹿児島空港のすぐ近くに焼酎の観光工場を建設しました。当時はまだまだマイナーだった焼酎を県外からやって来る観光客にアピールしたい、そして自分が造る焼酎を評価してもらいたいという思いを実行に移したのです。

その5年後には地ビール製造の免許を取得し、観光工場内に、世界でいちばん美味しいといわれるチェコビールのレストラン「バレルバレー・プラハ」（通称チェコ村）をオープンします。この頃の私は多忙を極め、精神的にも極限の状態で毎日を送っていたようです。ある人に、「あの頃のあなたの目は尋常ではなかった」と言われたくらいです。アブナイ人たちの仲間？ と疑われたのです。

さいわい観光工場もバレルバレー・プラハ（チェコ村）も信じられないような数のお客様が来店するようになり、事業は軌道に乗ります。気がつくと私は、焼酎業界から観光業界へと転身していたのでした。

そんな観光工場のいちばんの問題はインフルエンザです。1日に1000人を超えるお客様が来られます。当然、なかにはインフルエンザウイルスを持った方もいます。一方、従業員はレストランという閉鎖空間で一日中仕事をしています。インフルエンザが流行すると、真っ先に感染するのがレストランの従業員でした。

そこで私は、忘れていた麹ドリンクを思い出し、社内の各所にドリンク・サーバーを置いて自由に飲ませるようにしたのです。以来、従業員のインフルエンザ感染は大幅に減少しました。

麹菌はインフルエンザ菌にも負けない。

そう実感しました。

さて、地ビールブームも終わり、いよいよ焼酎ブームに店内が沸き返っていた２００５年の春。わが社にとっては名物男のK社長がふらりと現われました。

鹿児島出身のK社長は東京で印刷会社を経営しています。大変な愛国者で、毎年、うちの近くにある知覧の特攻基地にお参りをして、最後は、わが社に祀ってある特攻慰霊碑に祈りを捧げたあと、レストランでビールを飲んで賑やかに騒ぐのを常としていました。

話は飛びますが、わが社が建っている土地の地下には今も特攻基地跡が残っています。特攻機の格納庫だったらしいのですが、戦後、米軍が来て入り口を爆破しただけで、内部はそのまま残っています。特攻隊の兵士の方々はこの地下格納庫から特攻機を引き出し、現在の鹿児島空港の近くにあった、鉄板を敷いただけの飛行場から出撃したのです。記録によれば、この地からなんと２１７名もの方々が日本のため、家族のために命を捧げました。このことを知った私は、１９９９年、社内に特攻慰霊碑を建立し、毎朝、タバコと焼酎を供えて祈りを捧げています。自衛隊誌『翼』にこのことが紹介されて以来、全国からいろんな方が手を合わせに来られます。Ｋ社長もその一人でした。

いつものように慰霊碑に祈りを捧げたあとレストランへ。私も彼のテーブルに着いたのですが、珍しく彼のビールがすすみません。少し飲むと顔をしかめて股間を押さえています。

「どうしたの、Ｋさん。あまり飲まないようだけど」

「実はな、俺、前立腺がんになっちゃったんだよ。大好きなビールだけど、少し飲んだだけで股間に激痛が走るのよ」

「前立腺がんなんて、治りやすい病気じゃない。手術すればいいのに」

「いやいや、がんといえどももとはといえば俺の細胞だ。つまりは俺の子供というわけだ。子供の出来が少々悪いからといって、そう簡単に切り落とせるかい！　手術も抗がん剤も拒否だ」

と勇ましいことを、弱々しく言うのです。

そこで私が、

「Ｋさん、じゃあうちの社内で飲んでいる麴ドリンクを飲んでみませんか。もしかしたら、効くかも……」

と言うと彼は、

「おう、麹か。麹なら日本人の心だ。ぜひ飲ませてくれ」

私は麹ドリンクを30本ほど、彼に持たせました。

それからひと月もしないある日の朝、うちのレストランでＫさんがニコニコして待っていました。

「山元さん、今日はあんたに会うためだけに鹿児島に来たんだよ。あんたがくれたあの麹ドリンク、あれはがんに効くぞ。あれから俺は毎日飲み始めたんだよ。そしたら1週間後、小便に白い皮が混じっていた。こいつをとって病院へ持って行ったんだ。そしたらなんと医者曰く、『Ｋさんこれはがんの皮です』。そういうことなんだ。お金はしっかり払うから、ぜひこの麹ドリンクを大量に送ってくれないか」

と興奮した面持ちで私に頼んできたのです。

もちろん私に異存はありません。

以来２０１２年の現在までＫさんはずっとこのドリンクを飲み続けています。そして手術することも、抗がん剤を飲むこともなく、彼の前立腺がんは消えてしまいました。

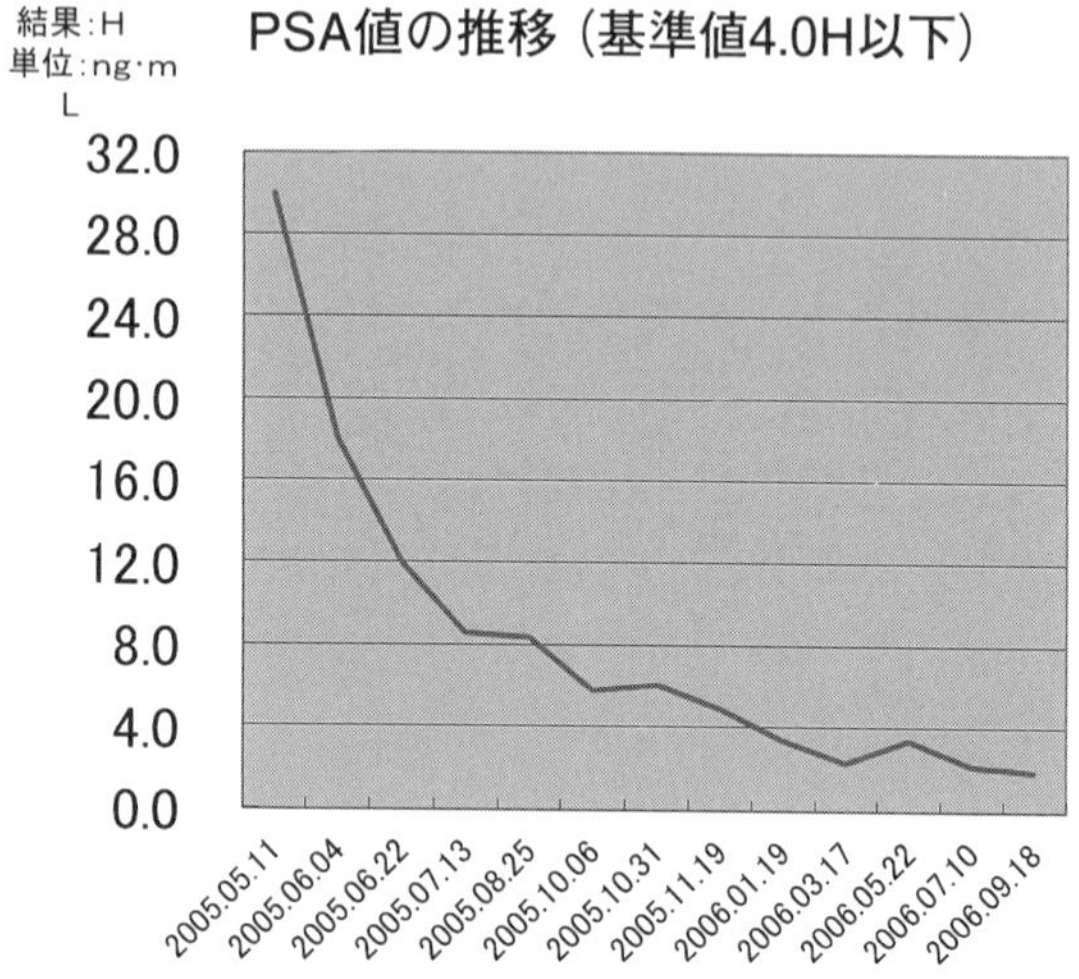

（2006年の後は正常値を維持しています）

上のグラフは前立腺がんのマーカーであるPSA値の変化です。2005年5月、彼のPSA値は30。前立腺がんという宣告でした。それが1年後には4を切り、現在では1を切っています。

一般に前立腺がんの治療薬は女性ホルモンです。しかしこの治療を受けることで、患者は勃起不全となります。男性としてはもっともショックなことです。でもKさんはこの治療を拒否して麹ドリンクだけを飲み続け、この病いを消したのです。今もって、男性機能も元気です。

一昨年、62歳になる彼は30歳ほど年の離れた女性との結婚を果たしました。おめでとうございます、Kさん。

「前立腺の友」を発売

Ｋさんの結果に自信を得た私は、麹ドリンクを正式に健康剤ドリンクとして発売することを決めました。商品名はそのものずばり、「前立腺の友」。

社内ではあまりに生々しすぎると反対もあったのですが、半ば強引にこの商品名を押し通しました。まあ遊び心です。

発売開始とともにいろんな方から反響がありました。夜中におしっこに起きなくなった。70歳を過ぎて久しぶりに「朝の元気」があった——など、次々に嬉しい報告をお客様が電話してくださいます。

予想をはるかに超える効果でした。

そして翌年２００６年の５月。連休も終わり、レストランの前にある藤の花が満開の頃、背筋のピンと張った壮年の男性が現われ、私に面会を求めてきました。お会いするなり彼は、２枚のポラロイド写真を私に見せて話し始めました。

「私はね、昨年の11月に突然声が出なくなった。企画会社を経営しているので声が出ないのは命取りだ。そこですぐに病院に行ったんだが、結果は咽頭ポリープだった。そこで月末に手術の予約をして家に帰った。

たまたまそのとき、君の会社の『前立腺の友』の噂を聞いて取り寄せてみた。1日3本飲んだよ。そしたら、3日目には声が出るようになった。そして月末になり予約していた手術のために入院して検査したんだが、なんと咽頭ポリープは消えていたんだ。これが11月初めに撮影した写真と同じ月末に撮影した写真だ」

次の写真のとおり見事にポリープが消えていました。これは病院のポラロイド写真です。まちがいなく本人のものです。

「世のため人のため、君はもっともっとこの『前立腺の友』を宣伝すべきだ。この写真は君に預けておく。私はいつでもこれが事実だということを証言する」

彼はそう言って、そそくさと東京へ帰られたのでした。

どうやら前立腺がんだけでなく他の病気にも効くようだ。そう思った私は鹿児島市内で末期がんの治療をしている堂園晴彦医師に相談しました。堂園先生は、東京からもがんの治療に患者さんが来るほどの名医です。名医といわれる人ほど、既成概念に縛られることがありません。堂園先生は若い頃、寺山修司の劇団「天井桟敷」で役者をやっていたこともあるという実にユニークな人物です。

その堂園先生がこう言いました。

「山元さん、がんから生還する人たちはね、薬に限らず身体に効くものならなんでも試そう

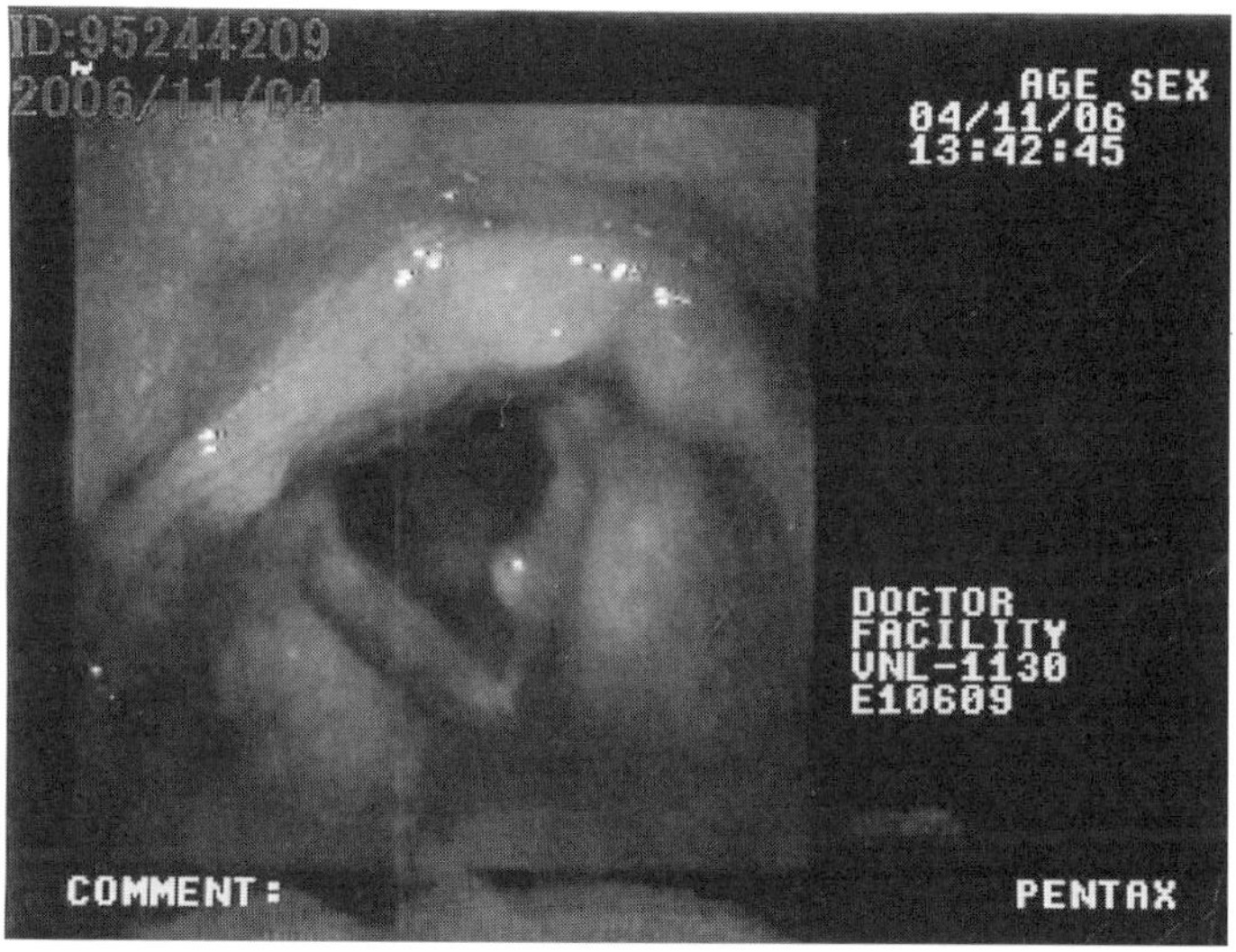
ID:95244209
2006/11/04
AGE SEX
04/11/06
13:42:45
DOCTOR
FACILITY
VNL-1130
E10609
COMMENT:
PENTAX

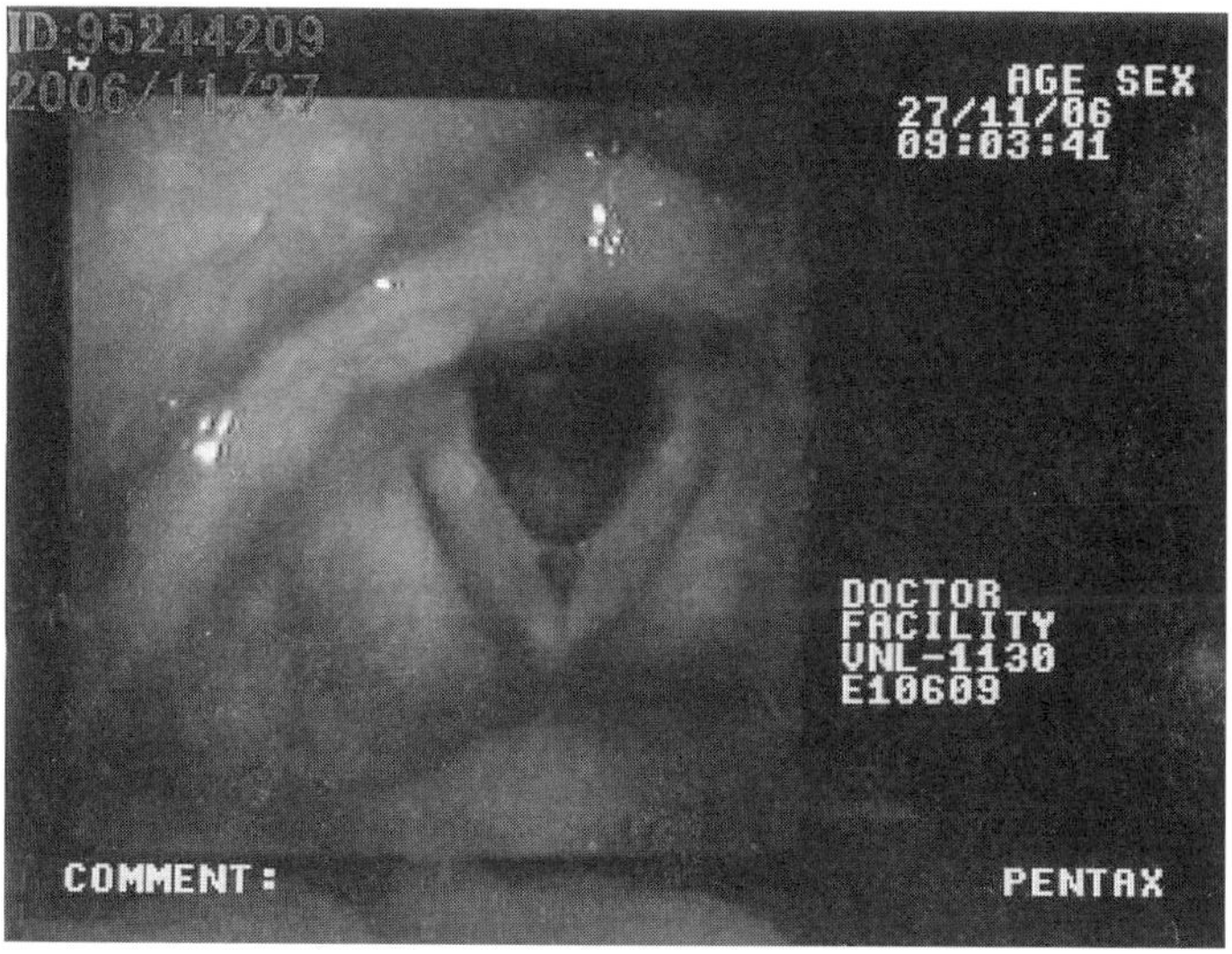
ID:95244209
2006/11/27
AGE SEX
27/11/06
09:03:41
DOCTOR
FACILITY
VNL-1130
E10609
COMMENT:
PENTAX

とする人たちだよ。早速うちの病院でも試してみよう」

堂園メディカルハウスでは患者さんの同意を得て、「前立腺の友」の投与を始めました。

最初の治癒例は92歳の女性、子宮がん末期の患者さんでした。子宮内粘膜からの出血で手のほどこしようがない。死を待つばかり。この女性が「前立腺の友」を1日3本飲み始めると3日目には出血が少なくなり、そのあと6ヵ月間、元気でした。そのほかにも、末期直腸がんで骨と肺と肝臓にがんが転移して余命3ヵ月といわれた患者さんが快方に向かい、約1年、長生きされたそうです。このときは堂園先生も驚喜して、夜中に私の携帯に連絡してきたほどです。効果がある場合には、1週間くらいで患者さん自身が実感するようです。

もちろんすべてのがん患者さんが、この「前立腺の友」で治癒するわけではありません。それに堂園メディカルハウスでは、しっかりと抗がん剤治療も併用しています。ですから、「前立腺の友」でがんが治ったとは言いません。声高に言うつもりもありませんが、こうした例が増えていくことを私はひそかに喜んでいるのです。

あるとき、若い女性の声で電話がありました。

「あの……『前立腺の友』というネーミング、なんとかならないでしょうか」

詳しく聞くと、この女性は有名な大会社の会長秘書。会長の指示を受けて「前立腺の友」を購入していたのですが、うら若き女性が「前立腺の友」という名を口に出し、商品を持ち歩くのはどうにも抵抗があったらしいのです。

そこで新たに「麹の力」と「麹の華」というふたつの商品を発売しました。その違いはアルコールの度数。「前立腺の友」がアルコール度数１％なのに対して、「麹の力」は３％、逆に「麹の華」は１％以下です。

なぜアルコールが入っているのかとよく聞かれますが、アルコールが入っていると胃から吸収しやすいからです。腸まで行ってから吸収するよりも、胃でそのまま吸収されたほうが効果が出やすいと私は考えています。もっとも日本人にはアルコールに弱い人も多いので、アルコール１％以下の商品も併せて発売したというわけです。

前記の女性からの電話のこともあり、一時期は「前立腺の友」の販売を自粛していましたが、すると次々にクレームの電話が入りました。

「なぜ、『前立腺の友』を販売しないんだ？」

「あ、今は『麹の力』として同じものを販売しておりますが」

「ダメなんだよ！　『前立腺の友』じゃないと効いた気がしない。『前立腺の友』の販売を再開してくれ」

こんな電話が続いたのです。そこであわてて「前立腺の友」を再発売して現在に至っています。現在はこの３種を販売しています。

「NK細胞」を増強する麴菌ドリンク

麴が免疫抵抗力を高めるというエビデンスはまだあります。

「NK（ナチュラルキラー）細胞」という言葉を聞いたことがありますよね。最近ようやく、一般のテレビ番組でもチラホラ耳にするようになりました。

NK細胞は身体の中に存在する異物細胞を攻撃するという特徴があります。バクテリアやウィルス、そしてがんも異物細胞ですから、すべてこのNK細胞に攻撃されるのです。

ご存じかもしれませんが、健康な人の身体でも毎日がん細胞は生まれています。でもがんにならないのは、このNK細胞が正常に働いて、すぐにがん細胞を摘み取るからです。ですからNK細胞が強力であればあるほど、がんにもインフルエンザにもならないのです。

嬉しいことに、NK細胞の数は年齢とともに増えます。20～30歳の健康な人の場合には、末梢血中のリンパ球にしめるNK細胞の割合は10～15%程度。これが50～60歳になると20%に上昇します。

一方でNK細胞の活性（細胞破壊能力）は、15歳をピークに加齢と共に衰えます。ですからNK細胞の働きを促進するには、

①NK細胞の増殖を促進する。

②ＮＫ細胞個々の細胞活性を増強する。

このふたつの戦略を同時にとらなければなりません。

そこで私たちは2回にわたって「前立腺の友」を飲んだ成人男性の血中ＮＫ細胞の数と活性を測定してみました。

結果は驚くべきものでした。それが次のグラフです。

この図で、

「対照区」とあるのは、まったく「前立腺の友」を飲まなかった人。

「前日１本」は、検査の前日に１本だけ「前立腺の友」を飲んだ人。

「１週間１本／日」は、１週間毎日「前立腺の友」を飲んだ人です。

この結果からわかることは、１週間毎日「前立腺の友」を飲み続けると、ＮＫ細胞は数で１・５倍、その細胞破壊能力では１・５倍以上に増えることです。合計すれば2倍以上にその効力は増加するという事実でした。

最近、ある種の乳酸菌がＮＫ細胞を３割がた活性化するので、インフルエンザにかかりにくくなるという記事が出ました。

しかし「前立腺の友」は、１割や2割どころではありません。一桁違って2倍以上もＮＫ細胞を活性化するのです。比較になりません。

NK細胞の殺傷能力

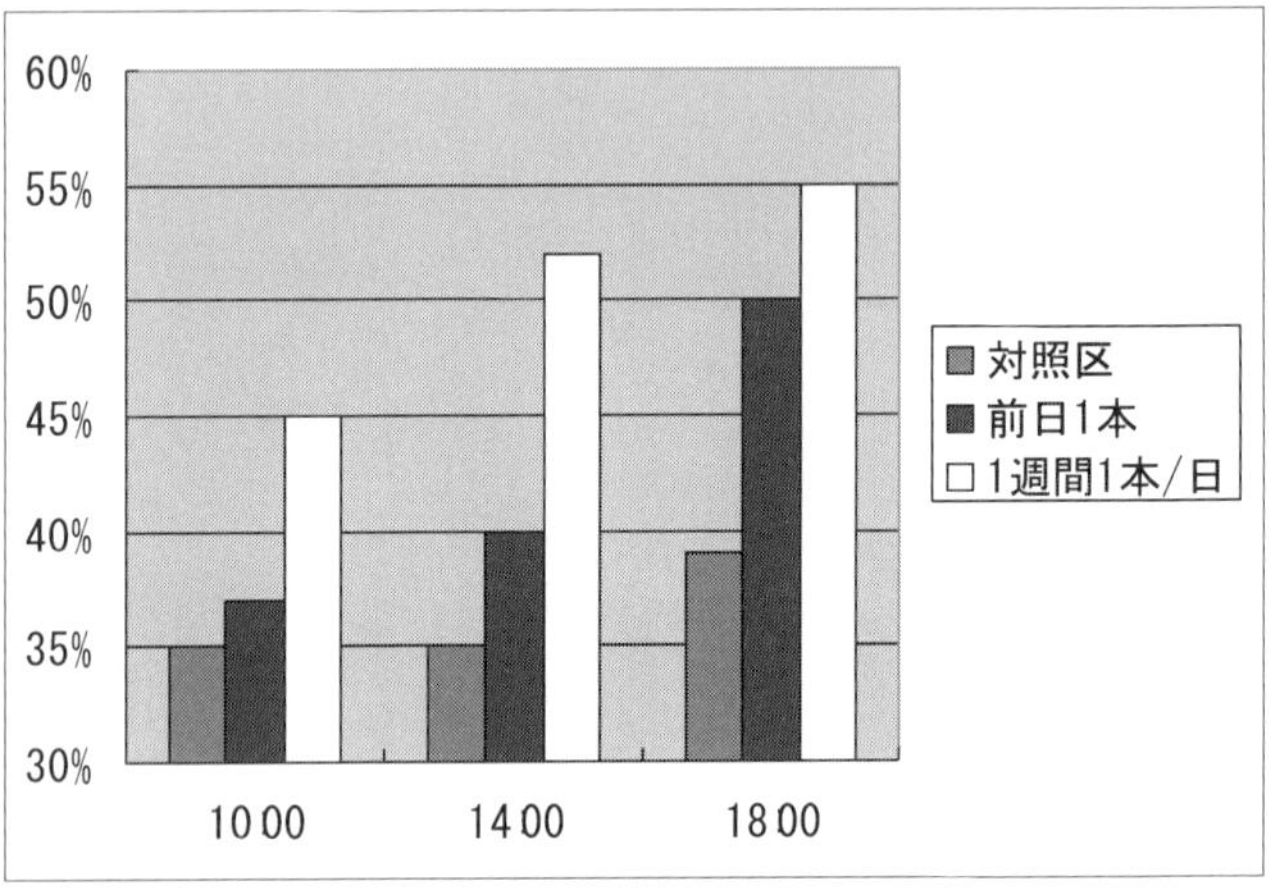

NK細胞数（個／μℓ）

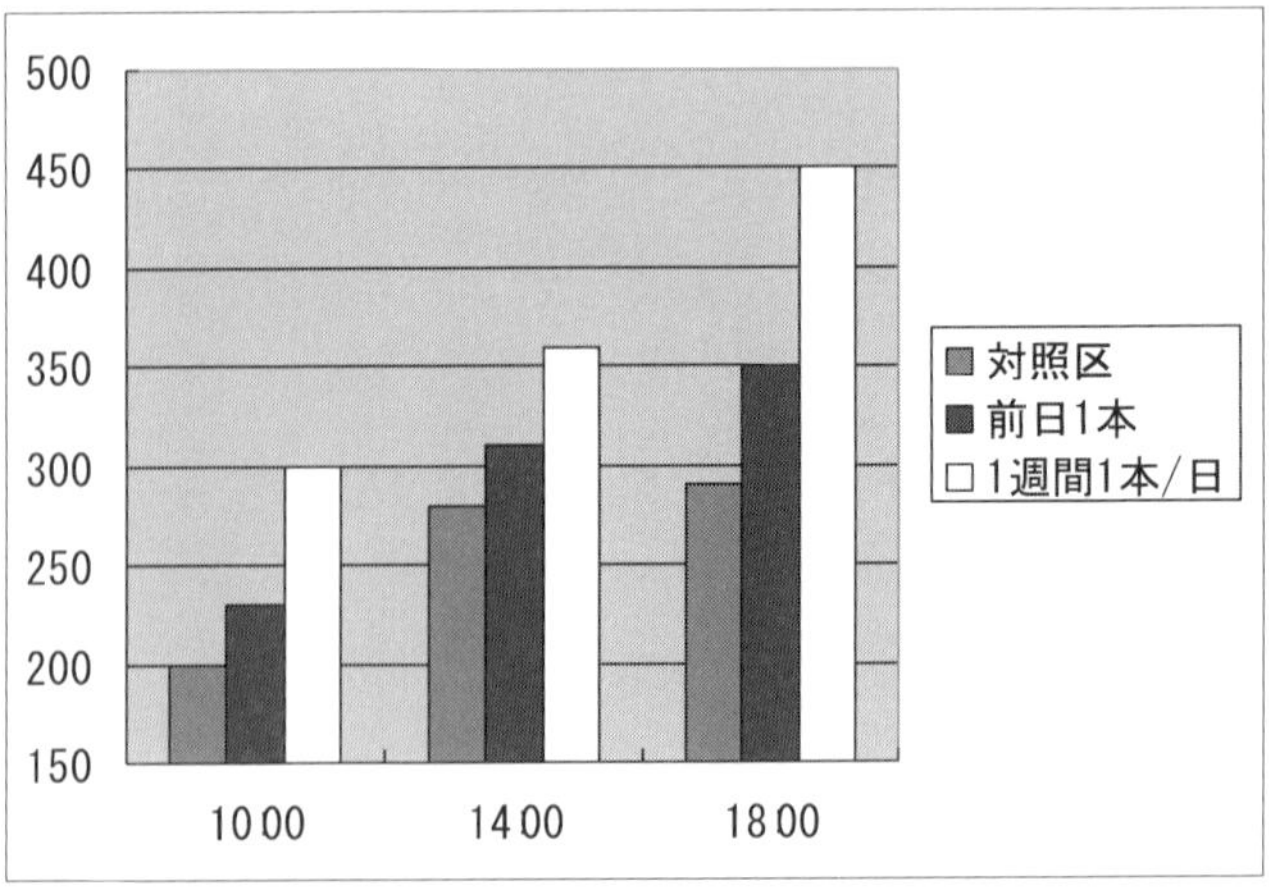

今は予防医学の時代といわれます。病気を治す前に病気にならない身体をつくろうとする動きが出てきています。実に喜ばしいことです。もっとも早い予防の近道は、血中のＮＫ細胞の数を増やし、活性を上げることです。

「前立腺の友」を毎日1本ずつ飲めば、ＮＫ細胞の動きが2倍以上に活性化され、大幅に免疫抵抗力が増強されることは確かです。

右のデータはN医科大学のある教授と私が共同研究した結果です。

当然、同教授に研究論文を書いてもらう予定でした。ところが、あまりの結果に、教授は論文の作成を見合わせたいと言ってきたのです。

私は理由をあえて問いませんでしたが、複雑な医学界の現状を垣間見る思いでした。

麹菌は乳酸菌とは効果が一桁違います。

もともと、乳酸菌という食文化は欧米からの輸入です。それをありがたがる前に、日本独自の「麹菌飲料」を見直すべきだ——というのが私の考えです。

私は今、この麹菌飲料を毎日、朝昼晩と3本飲んでいます。一昨日、妻がインフルエンザで40度の熱を出して寝込んでしまいましたが、隣で寝ている私にはうつりません。それも、麹菌飲料のおかげです（妻も飲んでいるのですが、飲む量が少なかったようです）。

麹菌が身体の免疫力を高めてくれる——これは、胸を張って言えます。

マッコリをより美味しくした河内菌

あれはソウルオリンピック（１９８８年）の頃でした。韓国の酒造業界の方々が次々にわが社を訪れるようになりました。日本でつくられている河内菌（カワチキン）を使いたいというのがその理由です。祖父源一郎は昭和23（１９４８）年に急逝したので父も私も知らなかったのですが、現役でバリバリ活躍していた頃の祖父の弟子が戦後、韓国で種麴屋を立ち上げ、大成功していたのです。

私はその話を母から聞きました。

「お父さんはね、戦前、韓国人の丁稚さんを使っていたのよ。それはそれは、よく働く人だったの。でもね、戦争が終わって、お父さんはこの丁稚さんに言ったの。『もう日本の時代は終わった。この河内菌を持って韓国に帰りなさい』って。この人が河内菌を韓国に持ち帰って、大成功したんだねえ。えらいわね」

「ふ〜ん」

弟子だった彼は源一郎に敬意を表して、韓国でもカワチキンという名前を残してくれたのです。

母はこうも言いました。

「もうひとつ話があるのよ。あのときお父さんは『マッコリはいい酒じゃ。しかしなあ、河内菌を使えばもっとうまい酒になるんじゃぞ』。そう言ってお弟子さんに造り方を教えてあげたの。だから今では韓国のマッコリも河内菌で造られているらしいよ」

本当かな……。

これを、あるときたまたまわが社を訪れた韓国の大手焼酎メーカーの会長におそるおそる聞いてみました。するとその会長はあっさりと「そのとおりだよ。お孫さんのあなたが知らなかったとは」と、驚いていました。

そうか、そうだったのか。

それ以降、河内源一郎商店では韓国の種麹屋さんに遠慮しつつ、わずかながらも種麹を韓国に送っています。今日では韓国のほとんどの焼酎メーカーがこのカワチキンを使って焼酎を造っています。

いずれわが社でも源一郎爺さん直伝のマッコリを造ってみるかなと思ってから、もう10年以上が経ちました。そして、数年前からの韓流ブームでマッコリはより日本人に身近なものとなっています。

韓国を代表するお酒、マッコリ。これも祖父源一郎が改革したものです。

最近では日本のあちこちでマッコリが販売されています。私も何度かそれらを購入して飲んでみました。

しかし残念ながら一度もうまいと思ったことはありません。それもそのはず、近年日本で販売されているマッコリは、源一郎が教えたものとはほど遠い飲み物になっています。

マッコリとは本来、米や小麦を使って麹をつくり、それに酵母と乳酸菌を加えてアルコール発酵をさせたもの。「麹、酵母、乳酸菌が渾然一体となっている韓国風どぶろく」です。

大事なことは、酵母が生きているので味はどんどん変わっていきます。

できたてのマッコリはアルコール分が少なく、甘みの強い飲み物です。しかし、日を置くに従ってだんだん酵母によるアルコール発酵が進んでいきます。アルコール発酵とは酵母が糖分を食べてアルコールを生産する過程のことをいいます。アルコール発酵が進むにつれてマッコリは甘みが少なくなり、麹や乳酸菌由来の酸味が強くなります。

発酵の過程で異なる味わいを楽しむのが、マッコリを飲む醍醐味といえるのです。

しかしながら近年の大量生産・大量販売の時代においては、こうした〝味の変化〟は許されません。

そこで、大手メーカーのマッコリ造りは次のように対応しているようです。

まず、米や小麦を麹にして酵母を加えてアルコール発酵させます。それも酵母が糖分を食いきるまで徹底的にやります。するとこのマッコリ発酵液の甘みはほとんどアルコールに変化して、単に酸っぱいだけの飲み物に変わります。こうなると、もう味は変化しません。

これに、非発酵性の合成甘味料である「アスパルテーム」を加えて近代マッコリの完成となるのです。アスパルテームとは、ダイエット飲料などにも含まれている消化されない糖分のことです。

私はこのアスパルテームの甘みが嫌いです。いつまでも舌に甘みが残って、飲みきりが悪い。それに（真偽のほどは不明ですが）、アスパルテームは健康上の問題も指摘されています。

しかし多少の問題はあっても、このようにして生産されたマッコリは酒販店の棚に長期間放置されても、もう味が変質することはありません。大手マッコリメーカーとしてはやむを得ない対応なのでしょう。

本格派マッコリを造る

でも、源一郎爺さんの孫たる私にとって、これは断じて許せるシロモノではありません。爺さんが造ったマッコリはこんなものじゃない。誰も造ってくれないなら、私が造ろう。そう思い立ったのは２０１０年のことでした。

まずは原材料の問題があります。マッコリは焼酎と違って、ワインと同様の醸造酒。だから原材料の品質がストレートに味に影響します。ブドウの品質がワインの品質に直結するように。

日本は〝豊葦原（とよあしはら）の瑞穂（みずほ）の国〟といわれるほど美味しいお米の穫れる国。

よし！　日本のお米だけでマッコリを造ることにしよう。

このお米が問題でした。いい清酒が「山田錦」「雄町」あるいは「五百万石」などの良質の酒米にこだわるのと同様に、本物のマッコリも米を選ばなければなりません。しかし、どんな米がいいかは誰も知らないので、自分で探すしかありません。私は1年かけて九州中の米を吟味して、ある特定の地域のお米を選びました。これは明かせません、内緒です。米の品種や生産地が違うだけで、マッコリの味はびっくりするほど違ってきます。

次に麹。単に河内菌と言ってしまえばそれまでですが、河内菌にもいろんな種類がありま す。香りのいいものからクエン酸の量が多いモノ、あるいは甘みの強いモノなどいろいろで す。

河内源一郎商店が焼酎用に生産している河内菌は、焼酎だけに特化しているので1種類しかありません。けれど、私の研究室には多種多様の河内菌があります。みな同じＤＮＡを持っていますが、味は千差万別。この中からもっともマッコリに適した味を持つ河内菌を選別しました。

これに乳酸菌を加え発酵させてできた製品が「源一郎さんのマッコリ」です。市販のマッコリとは異なり、とても芳醇な味と香りがあります。われながら自慢の逸品となりました。本物のマッコリの醍醐味は酵母や乳酸菌が生きているということ。つまり生きたままの酵母や乳酸菌を飲むことができる数少ない飲料のひとつです。でもその結果、味はどんどん変化します。お酒にうるさい人でも、これを知っている人は少ないでしょう。

生産したての「源一郎さんのマッコリ」は、ほのかに乳酸菌の香りがするアルコール分2%程度の甘い飲料です。ですが時間とともに酵母が活性化して、甘みはどんどんアルコールに変化します。最終的には1～2週間でアルコール8%程度の、ほとんど甘みを感じない酸味の強いお酒に変わっていきます。

冗談じゃないと本格派のマッコリを造ってみた

酒好きの私は、できて少し時間が経ち、甘みが薄く、アルコール濃度の高くなったマッコリが好みです。一方、お酒が飲めない妻は、できたての甘いマッコリが好き。同じマッコリでも貯蔵の仕方によって幾重にも味が変化します。

それが「源一郎さんのマッコリ」の特徴なのです。

しかしこれだと、常に安定した品質を要求される大手の酒販店にはとても置いてもらうわけにはいきません。

ほそぼそと受注生産を開始したのは2011年の1月でした。しかしこのマッコリは徐々に評判となり、最近では一部の大手デパートやスーパーでも受注販売をしてくれるようになりました。本物と認めていただいたのです。ありがたいことです。

しかし今でも、ときどき、お客様から、「味が変わったぞ」などとお叱りの電話をいただくことがあります。

そうじゃないのです。「源一郎さんのマッコリ」は味が日に日に変化するのが特徴なのです。それをお楽しみいただきたい。私が造るマッコリは大量生産がききません。どうぞ、ご理解ください。

うまいマッコリには抗がん作用がある

韓国食品研究院が、マッコリには「ファルネソール」という抗腫瘍性物質がビールやワインに比較して10〜25倍含まれていると発表したのは、2011年4月のことでした。

私にいわせれば、どうしてもっと早く発表してくれなかったのかという感もありますが、河内菌を使ったマッコリに抗がん作用があるという報道は嬉しいものでした。

しかし、嬉しいのはそれだけではありません。「源一郎さんのマッコリ」には、黒酢の２倍以上のアミノ酸が含まれています。黒酢はとても酸っぱいので、通常は一度に大量にとることはできませんが、「源一郎さんのマッコリ」なら、すいすいと何杯でも飲めます。

最近私は、夕食はほとんどこのマッコリだけで済ますことが増えてきました。たとえば、アジの干物とお漬け物を肴に、マッコリをグビリ、グビリ。このとき飲むのは、アルコール分２％ぐらいのできたてのもの。このマッコリには麹のみならず、酵母や乳酸菌が豊富に含まれているので、健康にも大変いいのです。今年55歳になる妻も肌がツヤツヤになって身体がきれいになったと喜んでいます。しかも寝る前の食事がマッコリ中心になったので、朝のお通じがよく、健康的なダイエットにもなっています。

もともと麹菌や乳酸菌を食べていれば、お腹の中で乳酸菌が活性化して便秘にはなりにくいのです。ただし当初は、お腹の中で発酵がすすむので、おならがよく出るようになります。もっともこのおなら、あまり臭くはありません。

さらに不思議なことは、このマッコリ、造りたてではアルコールを２％含んでいるのですが、それまでお酒が飲めなかった人まで飲めるようになりました。

わが社の研究室長は当年66歳、まったくお酒の飲めない人でした。それが「源一郎さんのマッコリ」だけは飲める。そして飲み続けるうちに、長年苦しんでいた鼻炎が解消された。今では彼も「源一郎さんのマッコリ」の信者。毎晩コップ1杯のマッコリを飲んでいるそうです。

そういえば私も、犬歯が尖っているので、よく唇を噛んでは口内炎になっていました。それも、「源一郎さんのマッコリ」を飲むようになって1年、相変わらず唇をよく噛むのですが、口内炎はまったく発症しなくなりました。これまた不思議です。

麹で花粉症を撃退

「ヘックション！」「グスグス」「目がかゆい！」

花粉症の症状、いやなものですね。ひどい人はほとんど思考能力を失ってしまうほどです。

私が花粉症になったのは10年前。忘れもしません、東京ビッグサイトの環境展に出展しているときのことでした。くしゃみが出て止まらない。最初は風邪かなと簡単に考えていたのですが、3日経っても4日経ってもくしゃみが止まらない。それが鹿児島に帰り、笠沙町にある野間岳の山頂に登った途端に、くしゃみが出なくなりました。花粉のないきれいな山頂だったのですね。このとき初めて、自分が花粉症になったと自覚しました。

一度花粉症になってしまうと、あとはもう毎年春になると出ます。毎年2月から4月までの３ヵ月間は本当に憂鬱な時期でした。

それが昨年、私は花粉症ときっぱり決別できたのです。

その経過をお話ししましょう。

みなさんは「衛生仮説」という言葉をご存じでしょうか。

現代社会は身の周りの環境がぐんと衛生的になりました。おかげで病原菌に感染する機会が減りました。その結果、人間の菌への抵抗力が弱まり、かえってアレルギー性疾患が増加した。これが「衛生仮説」です。

その衛生仮説によると、花粉症の発生する因果関係はこうなります。

昔の人たちは体内に寄生虫を飼っている場合が多かった。この寄生虫の出す弱い毒に反応して、体内では「非特異的イムノグロブリンE」というタンパク質がつくられる。この物質が、アレルギー物質をつくるスイッチを無効にしてしまうので、アレルギーが出なかった。

一方、現代人はあまりに衛生的な環境で育ったために、体内で非特異的イムノグロブリンEがつくられなくなった。このために花粉などの異物が体内に侵入すると、これに対抗して「特異的イムノグロブリンE」がつくられる。この特異的イムノグロブリンEがアレルギー物質を生産するスイッチをオンにしてしまうので、アレルギー症状が発現する。その好例が花粉症であると。

そういえばインド旅行などで、真っ先に飲料水にやられて下痢するのが日本人だという話があります。現地のインド人はもとよりアジア諸国や欧米人が平気なのに、なぜか日本人がすぐにやられてしまうというのです。日常の過度の清潔環境が、本来備えていた防御機能を失わせてしまい、それが日本人をひ弱な体質にしているという説です。このケースも「衛生仮説」に該当するかもしれません。

では人為的にこの「非特異的イムノグロブリンE」を生産する方法はないのか？

それがあるのです。

麹菌です。

私は鹿児島大学の林國興研究室の協力を得て、ラットに甘酒を用いた実験を行ないました。ラットに黒麹や黄麹そのものを、または黒麹や黄麹でつくった甘酒を18日間食べさせ、その変化を測定しました。詳しい説明は省いて結論だけを言いますと、甘酒がアレルギーを抑制することがわかったのです。特に黒麹でつくった甘酒で抑制効果が強く出ました。

でも問題はあります。というのは、この実験に用いた甘酒は未殺菌の生甘酒です。一般に流通する甘酒は殺菌されています。アレルギーに有効な生甘酒は市販されていないのです。

さて、困った。

しかし、ご心配なく。生甘酒に匹敵する、いやそれ以上の飲み物があります。それが「源一郎さんのマッコリ」です。この麹ドリンクは黒麹でつくっています。製法は甘酒と同じで、殺菌もしていません。

この実験の成果を得て、私もほぼ毎日「源一郎さんのマッコリ」を飲み続けました。その結果去年は、それまで10年続いた花粉症がまったく発症しませんでした。今年もまったく花粉症は出ていません。

つまり私は「源一郎さんのマッコリ」を飲んで花粉症を克服したのです。すなわち、麹の力が花粉症の発症を止めたということです。

「源一郎さんのマッコリ」は、理想的な抗アレルギードリンクになるのではないかと、私はひそかに思っているのです。

塩麹で歯を磨こう

ちょっと寄り道です。毎日の歯磨きのお話です。

歯磨き粉には研磨剤が入っていて、歯をすり減らしてしまうのはご存じですね。私は朝晩の歯磨きを欠かしませんが、市販の歯磨き粉を使うのは1ヵ月に1回程度。めったに市販品は使いません。おかげさまで、歯はとても健康です。

さて、最近凝っているのが、塩麹での歯磨きです。歯ブラシに塩麹を少し塗って歯を磨きます。そうすると塩麹に含まれる酵素が歯に付着した有機物を分解してくれるのです。その上、麹の抗酸化作用で歯周病の予防にもなります。

なにしろ昔の人は塩で歯磨きをしていたくらいです。塩麹で歯を磨いて問題のあろうはずもありません。変な添加物が入った歯磨き粉よりもはるかに健康的です。

ぜひ、お試しください。

ただし塩麹には、米由来の糖分が含まれています。磨いたあとのすすぎはしっかりやりましょう。

こうして、歯磨きはほとんど塩麹になりました。

そこで歯磨き専用の塩麹を開発中です。虫歯の原因になる糖分を含まず、抗酸化作用のより強い塩麹の歯磨きです。

こうした思いつきが実験と適用を経て商品になるのが、私の楽しみなのです。

男性の女性化は、麹でふせげる？

10年ほど前になりますが、慶應義塾大学の男子学生の精子数を調べたところ、その数は1ミリリットルあたり1億個以下だったということが話題になりました。若い男性の精子の数が減少しているのです。しかもこの学生たちは、男気の強いアメラグ部の学生だったとも……。

一般に、精子数が1ミリリットルあたり４０００万個を下回ると生殖能力はないといわれています。健康な男性は、だいたい平均1億２０００万個の精子をもっています。精子の数が少ないということは、それだけ男性性（男らしさ）が失われるということではないでしょうか。

私は最近の日本における異常な性犯罪も、このことが原因ではないかと考えています。女の子を監禁したり、縛ったり、そうでもしなければ興奮できないほど、男性が性的に弱くなっているのではないでしょうか。

他方、若い女性が平気で裸身をさらすようになっていますが、これも異常なことです。日本人全体が女性化するなかで、女性はより性欲が旺盛になっているものと思われます。

これは、まさに亡国の危機。

この原因はどこから来ているのでしょうか？

私は農薬が原因だと考えています。

これから書くことは、鹿児島大学農学部林國興教授の研究室で実際に確認された事実です。それは驚愕すべき内容だったのですが、どの学会誌もこの研究成果の掲載を認めてくれませんでした。

おそらく世間に対する影響の大きさを懸念してのことだと思います。

私たちは、通常の農薬を使ってつくったお米と、まったく農薬を使わずに、かつ残留農薬のない田でつくったお米を、1ヵ月間マウスに食べさせる実験を行ないました。その結果は、無農薬のお米を食べたマウスに比較して、農薬米を食べたマウスは、睾丸がなんと3割も小さくなっていたのです。男性性の減少、つまり女性化現象が起きていたのです。

原因は残留農薬。それもｐｐｂ（parts per billion）の単位という超微量な量で。つまり10億分の1の濃度の残留農薬が影響していたのです。

簡単に断定することは危険ですが、現代人の女性化現象は農薬にその原因の一端がある――それが私の考えです。

この結果は論文にしたのですが、国内国外を問わず農学系の雑誌では掲載を拒否されました。世間への影響があまりにも甚大だからでしょう。最終的には、イギリスの薬学系の学会誌「Journal of Toxicological Science ２０１０年 35巻」に掲載されました。

私は、この実験結果には農薬問題の解決策が盛り込まれていない、それが欠点だとして、農薬を使ったお米を麹にしたら農薬が分解できないか――その実験をしてみようと研究室仲間に提案しました。

結果は、私の見込みどおりでした。ある程度ですが、麹は農薬浸けになった米の残留農薬の問題を解決することがわかりました。

その後この研究をしばらく続けたのですが、あまりにむずかしいだけでなく、掲載してくれる学会誌がないこともあり、現在ではやむなく中断しています。しかし、その一端を知ってしまった以上、黙っているのは良心が咎めます。

私は小さなお子さんを持つお母さん方へ、最低限これだけは提言したい。

少々お金がかかっても、お子さんの食事は無農薬のお米や野菜にしてほしいと。

黒麹は糖尿病にも効く？

私は同時並行でさまざまな実験を行なっていますが、そのひとつが、高血圧マウスを使った長寿試験です。マウスにも人間と同じように遺伝的な高血圧症があるのです。

通常、高血圧マウスは３ヵ月ほどしか生きられないのですが、黒麹を与えることで、どの程度長生きできるかを観察する実験です。黒麹を与えたマウスと与えないマウスに分けて実験してみました。黒麹を与えられなかったマウスはキズがなかなか治らず、だんだん毛が抜け始めます。

同様の試験を鹿児島大学でも行なっているのですが、こちらでは衝撃的な結果が出ました。糖尿病マウスに黒麹を与えると糖が出なくなるのです。どうやら、黒麹を与えると、インシュリンに対するマウスの感受性が高くなるようなのです。

人間の場合、糖尿病患者の増加がクローズアップされていますが、指摘されるのは、インシュリンの分泌量が足りなくて発症している例も多いということです。このような患者さんの場合には、麹菌でインシュリンへの感受性を上げることで対応できるのではないか——。

つまり黒麹は糖尿病に効くのではないか。

それもほんのわずかの投与量で。

私は糖尿病との診断を受けたことはありませんが、個人的に黒麹カプセルをつくって飲み始めました。

発症する前に予防する。これですね。

麹菌で「更年期障害」を治す

更年期。英語でいうと「チェンジ・オブ・ライフ」。

人生の変わり目、ですね。つまり、人生の節目に現われる心身の不具合が「更年期障害」です。これに悩む女性は多いですね。私の妻もそうでした。傍（そば）でみていると、オイ、大丈夫かとつい心配になりますが、男の手ではどうにもなりません。

しかし考えてみました。

更年期障害はストレスから来ます。女性ホルモンがある時期ガクンと減ることで出てくるストレスのせいで、女性たちはおかしくなっているのです。ですから、このストレスさえ抑えればなんとかなるはずと私は考えました。しかしストレス退治はなかなか容易ではありません。

ここも、麹の出番です。

麹がストレスを抑制することを私は経験的に知っていました。

というのは、ブロイラーの生育試験で微量の麹菌を与えたところ、麹菌のある物質が脳の下垂体に作用してストレスホルモンの分泌を抑えることがあったのです。それを知ったときは驚きました。

妻とブロイラーを一緒に考えては失礼なのですが、麹を使って更年期のつらい症状がなくせれば妻も喜ぶだろう。そう考えたのです。でもふつうに麹を食べたところで、更年期障害は治りません。女性が味噌汁を飲んで更年期障害が治ったという話は聞いたことがありません。

ストレスを退治する力は、麹の出すポリフェノールではないかと考えていました。ポリフェノールをたくさんとればいい。それなら、麹の出すポリフェノールを濃縮すればいいだろうと考えて、そうだと閃いたのが、ニンニクで麹をつくることです。

ニンニクが身体にいいことはどなたもご存じです。ニンニクを原料とする栄養剤もたくさん出回っています。

よし、やってみよう。

しかし問題があります。ニンニクには本来強力な殺菌力があるので、そう簡単に麹はつくれないのです。これはむずかしい。素人さんがやったのでは絶対といっていいくらい麹は生えてくれません。

でもうちの技術なら、ニンニクに麹を生やすことができます。これは腕です。麹屋１００年の育成技術です。

ニンニクに麹を生やし、それを粉末にしてカプセルに詰める。麹ニンニクにした瞬間に、もうニンニク臭さは消えています。ただし、麹になる前のニンニクの匂いはまことに強烈です。だから工場をちょっと人里離れたところにしないと、ご近所に迷惑がかかります。

この試作カプセルを飲ませたら、妻の更年期障害がピタリと治りました。妻は生来の頭痛持ちでしたが、これもスッと治りました。私もたまに頭痛がきます。これで、すぐに治ります。軽いインフルエンザぐらいならスコンと治ります。

妻には確かに効果が出ました。でも妻だけかなと思って、私の友人の、同年齢のインド人の奥さんがやはり更年期障害で悩んでいることを聞いて、彼女にも試してみたのです。これも一発で治りました。更年期障害の症状がまったく出なくなったのです。

ニンニク麹カプセルは、麹を最高のレベルにまで高めた最強のサプリメントです。徹底して麹を食したいと思ったら、このニンニク麹に勝るものはありません。まだ商品化していませんが、これは効くと確信しています。

麹菌で危険な「弁当」を見分ける

あるコンビニの期限切れの弁当を食べさせた母豚から奇形の子豚が生まれたという記事が、西日本新聞の朝刊（２００４年3月19日付）に掲載されました。肝心のコンビニ名は公表されませんでした。新聞社が社会的なパニックを怖れたからだといわれています。

実はこの当時私は、期限切れのコンビニ弁当を麹菌で発酵させて家畜用の飼料に変えようと試みたことがあります。ところが麹菌がまったく生育しないのです。いくらやってもムリ。最後には頭にきて、種麹をザブザブ大量に振りかけたのですが、それでも麹菌は生えてきませんでした。犯人はおそらく防腐剤でしょう。それぐらい大量の防腐剤が入っていたのではないでしょうか。

しかしあの記事以降、コンビニ弁当も大幅に改善されたようです。今のコンビニ弁当は麹菌がしっかり生えてきます。

麹菌が生えるぐらいなら、これは安全です。私にとって麹菌は、コンビニ弁当の安全度を測るリトマス試験紙のようなものです。

ともかく昨今は、人の食べるものほど危険な食品はない、といっても過言ではありません。そのせいか、業界の対応策も度を越すほど厳しいものになっています。「羹に懲りて膾を吹く」ではありませんが、安全基準を厳格にして徹底的に除菌・殺菌を義務づけています。

しかし、これで万々歳かというと、そうではないのです。そうした無菌状態の食品を食べ続けると、結果として人間は免疫抵抗力を失っていきます。安全と引き換えに本来身体の持つ機能が失われていくのです。これは、なんとかしなければなりません。

以前、わが社が納入した塩麹の生菌数が納入先の安全基準値を超えていたことがありました。こちらからいえば当たり前のことです。生なのですから。

先方の担当者の最初の要求は、この塩麹を殺菌せよということでした。

とんでもない！

そんなことをしたら、酵素はすべて破壊されて、塩麹が塩麹ではなくなってしまいます。縷々、説明しました。結局担当者は、私の提案を受け入れ、そのまま販売してくれました。

このような事情で、大手企業の販売する塩麹は殺菌操作が加わり、酵素のない塩麹となっていることがままあるのです。

考えてもごらんなさい。生味噌は昔から生菌だらけ。でも、味噌を食べて食中毒になったなんて聞いたこともないですよね。過ぎたるは及ばざるがごとし。なにごともやりすぎはよくありません。

これからの時代は「治療」よりも「未病」の時代だといわれます。病気になってあわてて治療を受けるより、病気になる前の予備軍のときに発症しないように手を打つこと。つまり、予防医学。

それにはどうしたらいいのか。

ふだんから身体によい食べ物をとる。

そのことを通して、免疫抵抗力の増進を心がける。

これに尽きます。

そのためにはできるだけ無農薬の農産物を食べ、生きている発酵食品を多くとることです。

麹をたくさん体内に取り込むのです。

農薬のデトックス（解毒）は麹にまかせろ

現代社会では、農薬を避けて生きることはできません。

前にも書いたとおり、お米に使われている農薬は男子の精子数を減少させ、女性化現象を起こします。

この実験で使用された農薬は、もっとも自然といわれる「除虫菊」の成分でした。確かにこの成分自体には、規定の濃度以下では、当たり前のことですが毒性は認められませんでした。しかし、この成分がいったんイネの体内に取り込まれ、分解してできた成分に女性化作用があったのです。

その成分は「フタール酸」でした。除草剤を使わずに野菜を栽培する際によくビニールを使いますが、このビニールにはフタール酸が含まれています。しかもこのビニールは日光と雨にさらされてボロボロになり、最後は土に戻ります。そのときフタール酸も土に戻されてしまうのです。

これでは日本でつくられるほとんどの野菜が、無農薬であろうと減農薬であろうと、有害だということになります。つまり、無農薬栽培された農産物を食べるということ自体が、すでに日本では不可能なのです。

そうなると、これから私たちが注意しなければならないことは「デトックス」、つまり「解毒」しかありません。

そしてこのデトックスにもっとも効果があるのが発酵食品なのです。麹菌や納豆菌はかなりの確率でこの農薬を無害にしてくれます。麹菌については、私自身が実験を重ね、ある程度フタール酸の分解がなされることを確認しています。麹は確実に農薬を分解するのです。

ですから食生活の中にどんどん発酵食品を取り入れましょう。

まずは昔からある甘酒です。甘酒はいろんな形で調理に利用できます。ただし（繰り返しますが）市販の甘酒ではダメですね。殺菌されて酵素が破壊されています。麹そのものを購入して自分で甘酒をつくりましょう。

つくり方は簡単です。麹と、同量の炊いたご飯を混ぜて60度に維持しておけばいいのです。自分がいいと思う甘みで冷やして、あとは冷蔵庫で寝かせる。

麹を使って生味噌を造るのもいいですね。大豆に対して麹はその半分の量。大豆を炊いて麹と塩（10％）を混ぜ、１ヵ月寝かせればできあがります。

麹のある生活は人間を驚くほど健康的に、そして美しくします。ちなみに私の母は87歳ですが、いまだに顔にシミひとつありません。母は若い時分から麹に蜂蜜とニンニクを混ぜたものを風呂上がりにパックしていました。

今の日本に無農薬野菜は存在しませんが、必要以上に防腐剤や農薬の危険を恐れることはありません。神経質に気にしてストレスを感じることのほうが身体に悪いのです。

発酵食品でデトックス。

ぜひ実行してください。

微量ミネラルで麹のパワーアップ

「微量ミネラル」というのをご存じでしょうか。

私たちの身体を構成しているのは主に炭素、酸素、水素、窒素ですが、それ以外に微量なミネラルがなければ人間は生きていけません。

なかでも特に重要なのは「鉄分」です。

鉄分がなければ植物は葉緑素をつくれないし、人間や動物は血液をつくれません。

なに、鉄なんてどこにでも転がっているじゃないか。鉄分不足なんてありえないよ、と少々知識のある方ならお思いでしょう。

ところがどっこい、鉄分の体内への吸収は非常に効率が悪いのです。なかなか吸収してくれません。

その昔、水耕栽培が日本で始まったばかりの頃、研究者たちは生育を促進するさまざまな栄養素を試してみましたが、どうしてもうまく生育しない。結局たどり着いたのが「有機鉄」でした。これが水耕栽培の水の中に存在しなければ植物は生育しないのです。水耕栽培に使う培養水は、

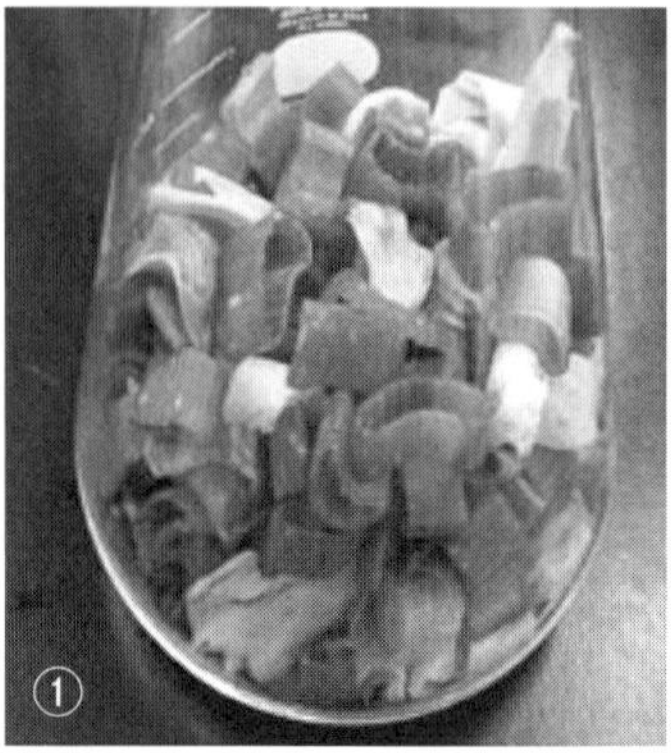

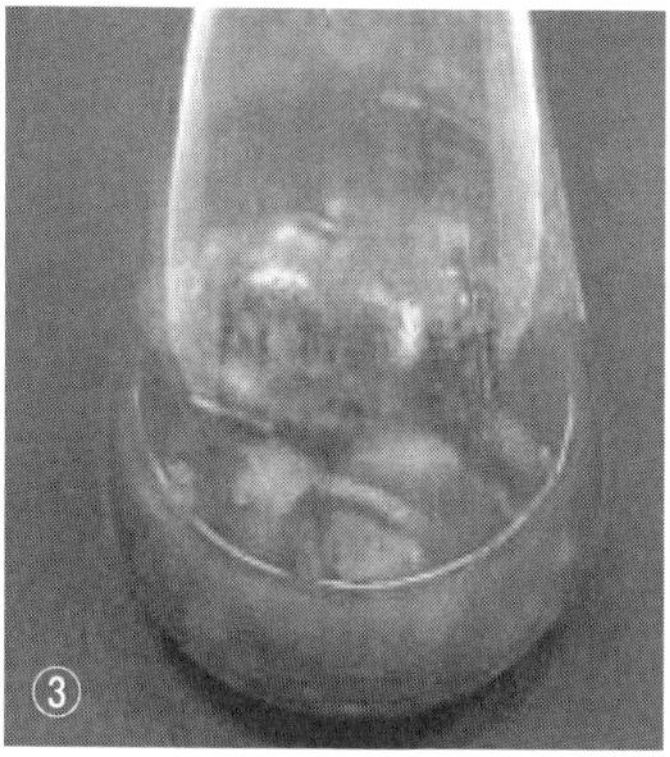

実はミネラルの塊なのです。
最近よく目にするのは植物の生育を促進するという商品。実は、これもミネラルの塊です。栽培する植物の種類に合わせてミネラルの組成を変えてあるのです。
そこで、麹にもミネラルは必要かというと、もちろん必要です。特に鉄分は重要です。
そこで私は、野菜に麹を生育させる実験をやってみました。
①は三角フラスコに野菜を入れたばかりの状態。野菜の形がしっかりと確認できますね。
これに麹菌を添加して24時間培養したのが②。野菜があまり溶けていませんね。形もだいぶ残っています。

でも、麹菌といっしょにほんのわずかな有機鉄を混ぜると、24時間後には③の状態になります。

どうでしょうか。野菜がかなり溶けていますね。

入れた有機鉄はわずかに20ppm。つまり0・002%しか添加していません。こんな超微量の鉄分で麹がパワーアップしたのです。鉄分は、私たちに必要なエネルギーをつくるのに、絶対欠かせない物質なのです。

そこでひとつの提案です。

昔はどの家庭にもあった鉄製のやかんに溜めた水を飲みましょう。

私は今、有機鉄を含んだ塩麹を開発中です。

麹菌で放射能を洗い流す

いまだに福島原発の問題は解決していません。それだけではありません。琵琶湖の湖底が沸騰しているとの情報もあります。滋賀県琵琶湖環境科学研究センターによると、2011年末から琵琶湖の湖底で気泡や温水の噴出がかつてない規模で活発化しているとのことです。背筋がゾクッとするような情報です。

琵琶湖はもともと、現在の三重県・伊賀市あたりにあったのが大地震によって徐々に移動し、現在の位置にたどりついたといわれています。1662年には福井県にも大きな被害をもたらした「寛文地震」が起きています。このときには、現在14基の原発がならぶ福井県南西部の美浜町の海岸が、7キロメートルにわたって3メートルも隆起したことがわかっています。

もう私たちは放射能と共存して生きていくほかないのでしょうか。

まちがいなく、放射能は遺伝子に悪影響を与えます。

通常、遺伝子は、二重らせん構造を維持しているときには安定しているのですが、細胞分裂のためにその二重らせん構造がふたつに分かれるときに、放射能の影響を受けて突然変異を起こします。

このときがいちばん危ないのです。

ですから、細胞分裂を盛んに繰り返している成長期の子供たちがいちばん危ない。子供たちだけではありません。私たちのような年配者でも細胞分裂が盛んに行なわれている所があります。

それは髪の毛と爪。

ですからくれぐれも、髪を雨にぬらさないように気をつけましょう。

さて、放射能汚染の除去に関して耳寄りな情報があります。

放射線医学総合研究所の報告によれば、ビール酵母を投与したマウスでは致死量のX線を照射しても、30日間での生存率が80％に達したそうです。つまりビール酵母が体内の放射能を洗い流してくれるということです。本当ならビール党はバンバンザイですね。

この研究のきっかけはチェルノブイリの労働者たちでした。

同じように厳しい被曝環境で仕事をしていたにもかかわらず、原爆症を発症した労働者とまったく元気な労働者とに分かれたのです。

なぜそうなったのか。科学者が調べてみると、元気なほうは大酒飲みで、仕事が終わると大量のビールを飲んでいたことがわかりました。この事実をきっかけに、ビールとビール酵母が体内の放射能を洗い流してくれることが判明したのです。

一方、チェルノブイリ事故のときに、ドイツで日本の味噌が大量に売れました。

これは長崎原爆のときに活躍された秋月辰一郎医師の著書『死の同心円』（長崎文献社 名著復刻シリーズ2）に書かれてあることですが、秋月医師が被曝したスタッフたちに塩のきいたおにぎりと濃い味噌汁を飲ませたところ、原爆症を発症する人がほとんどいなかったというのです。

そこで被曝には味噌がいいということになり、ドイツで味噌が大量に売れたというわけです。

それで思い出すことがあります。

私は20代の頃に、東京・王子にあった醸造試験場で酒造りの基本を学ぶために、半年間研修を受けました。そのときに、博士号を持つある古参の先生から聞いた話です。

「山元くん、これはな、本には書けない話だが実話だ。戦時中、広島に原爆が落ちたな。広島は酒どころだ。だから酒屋がいっぱいある。この酒屋の連中が被曝して、もはやこれまでと、蔵中にある酒を全部引っ張り出して大宴会をやったそうだ。つまり死ぬほど飲んだというわけだな。

そしてこの連中からは一人も原爆症患者は出なかったらしい。

だからな、俺たちは言っているんだ。

被曝したら酒を飲めと」

忘れられない話です。

何が言いたいかというと、つまり麹は、放射能の体内汚染をかなりの割合で流してくれるということです。

味噌も酒も麹でできています。

麹食品をばんばんとって、放射能なんか吹き飛ばしてしまいましょう。

《第４章》

麴屋３代、１００年の知恵

私の祖父・河内源一郎（1883〜1948）は、「麴の神様」と呼ばれました。祖父は河内源一郎商店を立ち上げ、麴菌の研究と製造に一生を捧げました。父、山元正明もまた「焼酎の神様」と呼ばれ、その麴菌培養技術で焼酎業界に多くの革新をもたらしました。

そして私が3代目。麴の新しい可能性について40年にわたって地道に研究を続けてきました。実に多くの試行錯誤があり、失敗も成功も味わい、辛酸も舐めつくしました。仕事をめぐる父との深刻な葛藤（かっとう）もありました。

しかし私は、麴から離れませんでした。

祖父、父そして私。麴屋3代が100年にわたって連綿とつないできた麴の歴史。私たちにとって、麴は実に懐の深い、大きな存在なのです。

「黒麴」と「白麴」を発見した祖父

祖父は現・広島県立福山誠之館高校を卒業、現在の大阪大学発酵工学部に入学。卒業後は大蔵省に技官として入省しました。赴任地は鹿児島税務監督局。鹿児島、沖縄、宮崎の味噌・醤油や焼酎の製造指導が主な仕事でした。といっても実際には、役所の研究室で微生物の研究に明け暮れる日々だったようです。

当時も今も、さつま焼酎の杜氏さんたちは気性の激しいことで知られますが、祖父はとても温厚な性格でしたので、かえって彼らに好かれました。

当時の焼酎は「黄麹」を使用していました。

黄麹はもともと清酒に使うものですが、気温が高いと腐りやすいという性質があります。夏場には外気が30度を超える鹿児島では、往々にして焼酎もろみ（蒸留する前の焼酎原液）が腐敗するという事故が起きていました。このむずかしい製造を指導するのが祖父の仕事でした。

どうしたら暑い鹿児島でも腐敗しないもろみをつくれるか。

あるとき源一郎の脳裏に閃いたのが沖縄の泡盛の製造法です。沖縄は鹿児島よりもさらに暑い。しかしその沖縄で造られる泡盛は非常に安全に発酵しており、腐敗することがない。源一郎はそこに着目したのです。

なぜ腐敗しないのか。その理由は麹の違いにありました。

泡盛に使用されている麹は内地の黄麹とは異なる「黒麹」という種類です。黒麹とは麹菌がつくる胞子（種）の色が真っ黒なところからつけられた名前です。ちなみに黄麹がつくる胞子の色は黄緑色です。黒麹の特徴は、その生育過程でクエン酸を分泌すること。つまり酸っぱい麹です。このクエン酸が気温の高い沖縄でも、もろみが腐らない秘密でした。

源一郎はさっそく、沖縄から黒麹を取り寄せて麹菌の純粋分離に取り組みました。純粋分離とは単一の種類の麹菌だけを取り出す作業のことです。

当時の沖縄では、「友だね」といって、泡盛の製造用につくった黒麹の一部を次の麹製造の種として使っていました。製造現場にはさまざまな麹菌が渾然一体となって存在していたのです。源一郎はこのひとつひとつの菌を分離させ、それぞれの種麹で焼酎を造ってみては、その安全性と味を確認したのです。

そうして発見したのが、「Aspergillus awamori var kawachii kitahara」（アスペルギルス・アワモリ・カワチ・キタハラ）という黒麹菌の株です。さらにこの黒麹を使った焼酎の製造方法にも検討を加え、ちょうどいい水と芋の配合割合も決めました。これが大正の初め頃のことです。

源一郎が紹介した黒麹による焼酎の製造法は、またたく間に南九州の焼酎工場で採用されるようになります。この黒麹で造る焼酎は暑い時期でも腐敗することなく、とても軽快な味わいになり、「ハイカラ焼酎」ともてはやされました。

しかし源一郎はまだ不満です。黒麹はクセが強すぎる。もっと万人受けするやさしい味の焼酎はできないものかと、さらに研究を続けました。

あるとき顕微鏡を覗いていると、真っ黒な胞子の中にポツンと茶色の胞子が見えました。興味を覚えた源一郎は、この茶色の胞子を純粋分離して培養します。するとこの麹は黒麹と同様にクエン酸をつくりますが、色は黒くならない。香りもいい。さらに、これで焼酎を造ってみると黒麹にありがちなクセの強さがまったくないのです。

源一郎は小躍りして喜び、これを「白麹」と名付けて焼酎業界に紹介しました。ところが、すでに黒麹に慣れた焼酎業界はいっこうに振り向かず、どこも使ってくれませんでした。

このこともあり、公務員としての仕事に限界を感じていた源一郎は、ついに50代で税務署を退職し、鹿児島市内の自宅に河内源一郎商店を設立、自ら種麹の製造販売に乗り出します。昭和７（１９３２）年のことです。

役人時代、すでに焼酎業界で確固とした信用を築いていましたから、源一郎の事業は順風満帆に進み、戦前には満州までその販路を広げるほどの勢いでした。

グルタミン酸ソーダ製造法を開発

第二次世界大戦が始まり、その末期には、鹿児島にも爆撃機Ｂ29が飛来するようになります。夜中にウオーンと空襲警報がなると、祖母や母は跳び起きて防空壕へ駆け込みました。祖母が後ろを見ると、祖父が丹前の胸を押さえながらゆっくりと歩いてきます。「お父さん、早く早く」と祖母が叫ぶと祖父は、「死ぬときは死ぬわいな」とゆっくり歩いたそうです。

このとき祖父は、麹菌が入ったシャーレを懐に抱いていたのです。シャーレはガラス製、へたに走ったら割れて中の麹菌がダメになる。だから祖父はゆっくりと歩いて麹を守ったのです。

この逸話から、源一郎は命がけで焼酎の麹菌を守ったといわれていますが、実は源一郎の真意は別のところにあったのです。

当時、源一郎はグルタミン酸ソーダの精製に執念を燃やしていました。グルタミン酸ソーダとは、今でいう「味の素」のことです。当時の味の素は昆布から精製されていたので貴重品でした。これを源一郎は麹で造ろうとしていたのです。フラスコの中に、フスマ（麦糠）でつくった麹を入れ、それを火鉢の灰の中に入れて暖め、グルタミン酸ソーダを抽出しようとしていたのです。

祖母の話では、温厚な祖父が一度だけ烈火のごとく怒ったことがありました。火鉢の中に入れてあったフラスコを飼い猫がこぼしてしまった。怒った源一郎は一日中猫を追いかけ回していたそうです。よほど悔しかったのでしょう。

戦争も末期になった頃、一人の海軍少尉が祖父を訪ねて来ました。

今では笑い話ですが、この海軍少尉は、焼酎で飛行機を飛ばすことができないか、焼酎を精製してガソリンの代用にならないかと相談にやってきたのです。戦争末期の燃料不足はそれほど深刻だったのです。少尉は農芸化学専門の技術士官です。独自に開発した酵素力の高い麹菌を持参していました。

「河内先生、もう海軍には飛行機を飛ばす燃料がほとんどありません。そこで焼酎で飛ばせないかと研究しました。開発されたのがこの麹です。従来の麹に比べてはるかに酵素力が高いんです。この麹を先生に大量生産していただけないでしょうか。費用は海軍で払います」

シャーレに入った麹菌を見て、源一郎は言いました。

「うん？　学者さんがつくりそうな麹菌ですなあ。確かに酵素力価は高いかもしれんが、この麹は使いものにならん」

「え、なぜですか？」

「見てごらんなさい、この麹。胞子をほとんど結んでいないでしょうが。機能は高いかもしれんが、子をつくる能力が低い。これでは使い物になりませんのじゃ」

その海軍少尉は、意気消沈して、じっとシャーレを見つめたままでした。

源一郎は戦時下の窮乏生活に耐えながら研究を続けました。そして昭和20年8月15日の終戦。源一郎は終戦と同時にバラックを建て、研究を本格的に再開します。

源一郎はすでに60の半ばを超えていましたが、研究意欲はますます盛んで、着々と麹によるグルタミン酸ソーダの生産技術を進展させていました。昭和23年2月のある日、源一郎は鹿児島大学農学部の西田研究室のドアを叩きました。西田幸太郎教授と源一郎は互いの技術力を評価しあう親友同士です。

「西田さん、ついにやったよ！」

源一郎のかざす試験管の中に、グルタミン酸ソーダの見事な結晶が輝いていました。それを確認した西田教授も興奮して言いました。

「源一郎さん！　快挙だ。発酵法で味の素をつくったのはあんたが世界で初めてだ」

二人は手を取り合って喜んだそうです。

しかし、源一郎はその喜びも束の間、昭和23年3月31日、あっけなくこの世を去ります。死因は栄養失調による心臓麻痺でした。

残念なことに、源一郎はこのグルタミン酸ソーダの製造方法を書面に残しておきませんでした。技術は闇に埋もれてしまったのです。その後、味の素がグルタミン酸ソーダの発酵法による製造技術を確立するのは昭和30年代後半のことです。源一郎の技術は10年以上も業界の先を走っていたのです。

〝焼酎の神様〟といわれる父は麴菌培養の名人

主を失った河内源一郎商店は急速に傾き始めました。源一郎は後継者を育てていなかったからです。源一郎もよもや65歳で死ぬとは思っていなかったのでしょう。ふだんはとても元気でしたから。

源一郎の仕事を手伝っていたのは娘の昌子でしたが、しょせん手伝いにすぎません。菌の純粋培養法もわかりません。その昌子の婿となったのが山元正明です。

この正明こそ、源一郎に焼酎で飛行機を飛ばせないかと相談にきたあの海軍少尉でした。正明は河内源一郎商店に入社し、種麹の培養法に全力を上げることになりました。河内源一郎商店2代目の誕生です。山元正明と昌子との間に生まれたのが、この私です。

さて、当時の焼酎造りはのんびりとしたものでした。鹿児島の焼酎工場は芋がとれる10月から12月までの3ヵ月間しか操業しません。そのあとは、熊本県人吉の「球磨焼酎」が、1月から3月までの寒い時期に米焼酎を造っていました。ですから種麹屋も9月から翌年の3月までが仕事で、残りの5ヵ月はのんびりゆっくりと過ごします。

種麹屋の朝は早く、私が目を覚ます頃には父はとっくに起きて仕事にかかっています。まず、隣の建物にある大きな釜でお湯を沸かします。麹菌を培養する木箱を、その熱湯の中に入れて消毒するのです。木箱を手に持つので、1分ほど熱さをガマンしなければなりません。父がやけどをしないかと、子供の私はいつも心配しながら覗いていたものです。殺菌した木箱はそのあと、すでに硫黄を焚いて消毒された麹室に入れられます。

次は、米を蒸す作業です。まだ煮えたぎっている釜の上に、大きな蒸籠をのせてその中に米を入れて蒸すのです。蒸し上がった米は冷えないうちに麹室へ運びます。そして、父、母、叔母、社員の４人で胞子を米にまぶす作業（種混ぜ）を始めます。室温30度、湿度１００％の過酷な環境の麹室で30分くらい、入念に胞子を米の中に揉み込んでいきます。これが終わると、この蒸し米を冷えないように、さらに水分が蒸発しないように丸く固めて毛布で覆います。

種混ぜが終わって12時間もすると、麹菌による発熱が始まります。やがてお米の表面をうっすらと麹菌の白い菌糸が覆っていきます。ここで、麹菌に酸素を供給するために「手入れ」という作業が入ります。丸く固めた麹を薄く広げる作業です。

このときの麹の厚さ加減がむずかしいのです。厚すぎると、温度が上昇しすぎて胞子が形成されない。薄すぎると、温度が下がりすぎて麹にならない。この微妙な調整ができるのは父だけでした。

種麹とはこのように、お米に麹菌をまぶし、その表面に胞子を着生させたものです。できあがるまで、だいたい5日ほどかかります。

焼酎屋はこの種麹を購入して麹をつくるのです。種麹３００グラムから一升瓶８００本の焼酎ができます。種麹そのものは安価なものですが、これがなければ焼酎は造れません。それに雑菌が入ってしまったら、もう使い物になりません。雑菌の混入を厳重に防がなければなりませんから、種麹屋の責任はとても重いのです。
当時の鹿児島で、完璧な品質の種麹を造れるのは父だけでした。
僕の父さんはすごい！
当時小学生だった私は、ひそかに父を尊敬していました。

うまい焼酎を造る

父の仕事はそれだけではありません。もともと鹿児島大学の研究室出の父は微生物培養の専門家です。当時としては高価な培養装置を購入して、毎晩遅くまで優良な菌の純粋分離をやっていました。まだどこの焼酎屋にも研究室などというものがなかった昭和30年代に、父はすでに立派な研究室を持っていたのです。

しかし父の目は、麹ではなく常に焼酎に向けられていました。いかにいい種麹をつくるかではなく、いかにいい焼酎を造るかだったのです。

夕方になると食卓には、コップに入った焼酎がずらりと並びます。すべて得意先の造った焼酎です。父はこれをひと口含んではていねいに味を利いていきます。これはわが社の種でできた焼酎、これはライバル会社の種でできた焼酎と、わずかな違いを的確に利き分けていくのです。

やがて父は、いい焼酎を造るには種麹だけをつくっていてはだめだと思うようになります。安定していい麹そのものがつくれないといけない。麹づくりを焼酎屋に任せっぱなしではいけない。父はそう思い始めました。

うまい焼酎を造るには、「一麹、二酛、三造り」といわれるほど、良質な麹をつくることが決め手です。それゆえ各蔵の杜氏たちも、麹づくりの腕を競うのです。ところが、麹の出来が悪いと、杜氏たちはその原因を種麹になすりつけることが往々にしてありました。種麹が悪かったから麹の出来が悪かったのだと言うのです。プライドの高い父にとって、これは我慢のならないことでした。

それで記憶に残るのは、安楽酒造の社長とのやりとりです。あるとき安楽酒造で焼酎のもろみが酸敗したことがありました。酸敗とはもろみが腐って酢になってしまうことです。原因は麹づくりの失敗でした。しかし安楽酒造の杜氏は頑として自分の過失を認めず、種麹が悪かったのが原因だと言い張ったのです。

父は「絶対にそんなことはない。なぜなら同じロットの種麹を他の焼酎工場にも出荷しているが、ほかはどこも酸敗していない」とはねつけました。両者の言い分は平行線。向こうも折れません。父はついに切れて「それならば、もう御社には種麹は売らん」。長い取引を切るとさえ言いました。ここでようやく、安楽酒造の社長が折れて、両者はもとの鞘に納まりました。

この事件は父にとって悔しい出来事だったようです。腹に据えかねるものがあったのです。いくらいい種麹を納めても、杜氏が造りに失敗すれば麹の出来は悪くなる。安定していい麹がつくれる装置ができないだろうか。それ以後、父はそのことばかりを考えるようになりました。

「河内式自動製麹装置」の誕生

麹づくりのポイントはふたつあります。ひとつは米の蒸し。焼酎用の蒸し米は「外硬内軟」といって、表面が堅く、しかも芯までよく蒸されていなければなりません。

もうひとつは麹の温度管理。蒸し米に種麹を混ぜてから40時間で麹ができあがります。この間、麹は放っておくと50度まで温度が上がり、そのままでは自分の発熱で死んでしまいます。

これでは麹にならないので、杜氏は夜を徹して麹の温度管理に努めます。しかし、しょせん杜氏とて人の子。夜は寝なくてはならない。どうしても１００パーセント完璧な温度管理はできていなかったのです。

このふたつの課題を見事に解決したのが、父が苦労して開発した「河内式自動製麹装置」

です。そして、この装置を最初に採用してくれたのは、あの大げんかをした安楽酒造の社長でした。まさに、「災いを転じて福となす」を地でいったような出来事でした。

河内式自動製麹装置の出現は当時の焼酎業界に大きなインパクトを与えました。業界でも最大手に属する安楽酒造の焼酎の酒質が、この装置の採用後、大幅に改善されたからです。そしてこの装置はまたたく間に九州の焼酎業界に普及していきました。

そのちょっと以前、昭和23年に祖父河内源一郎が急死したあと、焼酎業界における河内菌のシェアは潮が引くように低下していきました。他の種麹メーカーがつくる黒麹のほうが売れていたのです。本当は黒麹よりも、白麹を使用したほうがはるかに焼酎の品質は良くなるのですが、なにせ白麹はつくるのがむずかしいので、うち以外はつくらない。つくっても使ってくれない。それに河内源一郎というカリスマを失った河内商店では販売力も宣伝力も限界があったのです。

学者気質で人に頭を下げることの嫌いな父も、背に腹は代えられず、ひたすら低姿勢の営業に走り回る日々。そんな苦しい時代に開発されたのが、この河内式製麹装置だったのです。これで、傾いた社運は一気に盛り返しました。それが昭和30年代後半のこと。時代も高度成長期を迎えていました。

元軍人の父は、こうして河内源一郎商店の中興の祖となりました。この成功経験は小さかった私にとっても、大きな財産になりました。

高性能の「K酵母」を開発

父はいい種麹をつくり、いい自動製麹装置をつくりました。

次はいい「もろみ」です。

もろみとは、できあがった麹に水と酵母を混ぜて発酵させた焼酎原液のことです。いいもろみを造るにはいい酵母が必要です。酵母とは、糖を食べてアルコールと炭酸ガスに分解する微生物です。ビールを造るにはビール酵母、ワインを造るにはワイン酵母が使われます。

当時の焼酎蔵は、蔵つきの自然発生酵母を使用していました。

自然発生酵母にもいいものとわるいものがあります。父は鹿児島県内の焼酎蔵をつぶさに回り、それぞれの蔵のもろみを採取しました。もろみの中で生きている酵母を研究室で分離するためです。

1個1個の酵母菌を試験管に分注して発酵。発酵液の香りとアルコールの生産量をチェックする。この果てしない作業を延々とやるうちに、ついにすばらしい酵母を発見したのです。香りも良く、アルコールの生産量もすばらしい。

父はこの酵母を、河内源一郎商店の頭文字のKをつけて「K酵母」と命名し、発売したところ、その性能のすばらしさに、またたく間に、鹿児島・宮崎・熊本の焼酎蔵を席巻していきました。

しかし、同じ工場で種麴と酵母を生産するのは衛生面から見ても問題があります。お互いが混じり合ってしまい、純粋な酵母や種麴がつくりにくいのです。そこで父はいさぎよく、この酵母を公的機関である鹿児島県工業試験場に譲りました。K酵母はその後鹿児島酒造組合に引き継がれ、今でも焼酎業界で広く使われています。

もろみを均等に加熱する「新型蒸留器」

いい焼酎を造るにはまず麴をつくり、これをもろみに仕込む。ここまでの技術は確立しました。次は最後のもろみを蒸留する技術の改良です。いい焼酎を造るという父の意欲は、なお衰えを知りませんでした。

芋焼酎の蒸留は、芋のもろみに水蒸気を直接吹き込み、蒸発した蒸気を冷やして結露したものを原酒として取り分ける工程です。

芋焼酎の原料は80パーセント以上がサツマイモです。サツマイモには繊維質が多い。その結果、芋焼酎のもろみは粘度が高く、ドロドロしています。もろみがドロドロしているとどうなるか？　熱伝導率が悪いのです。実際、蒸留するときに沸騰しているもろみを観察すると、一部はぐつぐつと沸騰しているのに、他の場所はまだ手を入れられるくらい冷たいということが往々にしてありました。これだけ温度ムラが大きいと、いい焼酎はできません。新型蒸留器開発のポイントは、もろみをいかに均等に加熱するかです。

数年後父は、もろみを均等に加熱する理想的な蒸留器を完成させます。その結果、実に風味のいい焼酎ができあがりました。それまでの焼酎と異なり、香りも良く、味は軽快です。その〝酔い覚めさわやか〟が徐々に世間に認知されていきます。

昨今、折りに触れて昔の焼酎のほうがうまかったという声を聞くことがあります。技術的には当時とは比べるべくもないほど進歩しているのですが、その声は一部当たっているともいえます。

というのは、昔の焼酎は販売量が少なかったので仕込み量も少量でした。少ないもろみなら熱伝導はスムーズにいきます。こと蒸留に関しては、仕込み量が圧倒的に少なかった昭和30年代のほうが品質は良かったのです。

ですから今でも、父の持論は、「もろみの蒸留は３０００リットル以下でやれ」です。しかし焼酎業界の発展とともに、そのルールは守られなくなります。今では1万リットルを超える大型の蒸留器を使用している大手が多くなっています。それでも、頑として河内商店の蒸留器を使い続けているところもあります。「伊佐錦」と「島美人」。ここは大手でもあるのに、かたくなにこの蒸留方法を守っています。いずれも高品質で評判の高いメーカーです。

白麹と黒麹の長所を併せ持つ「NK菌」

大分県の麦焼酎「下町のナポレオン」が注目される頃、焼酎業界での河内菌のシェアは80パーセントを超えていました。といってもそれは黒麹ではありません。今度は「白麹」。河内源一郎が沖縄で発見した黒麹の突然変異で生まれた茶色味をおびた麹菌です。

この白麹の問題は製造方法がむずかしいこと。それを解決したのが、父が開発した自動製麹装置だったのです。その普及により白麹は急速にシェアを伸ばしていきました。

この頃のことだった思います。大口市にあるI酒造の杜氏がやってきて、

「先生、最近はどこもかしこも白麹じゃ。これでは差別化ができん。なんとか新しい種麹を開発してくいやい」

と頼み込んできたのです。

父は考えました。確かに白麹は甘みの強い焼酎ができる。しかしクセがなさすぎるのが欠点だ。一方の黒麹はクセが強く、味も重い。この両者のいいところだけを併せ持った種麹をつくれないものか。

この頃私はすでに東京大学の大学院を修了し、鹿児島に戻って河内商店に入社していまし

たから、こうなると、大学で菌の育種法を学んだ私の出番です。

白麹の中には往々にして先祖返りして黒い胞子を結ぶものがある。この先祖返りした黒麹の中に白麹の軽快さと黒麹のコクを併せ持つ菌はいないか。

私は研究室で検索作業を始めました。黒麹を大量に培養し、その中から白い胞子を探す。気の遠くなるような作業です。しかしさいわい、河内商店は本来種麹屋なのでこの作業をこなす専門スタッフがたくさんいました。交代でこの作業を続けるうちに、ついに白麹のような軽快さを持つ黒麹菌を発見したのです。入社してほぼ一年が経過していました。

私たちはこの麹菌を新しい黒（New Kuro）、「NK菌」と命名。そして、このNK菌を使用して造られた焼酎が「黒霧島」や「黒伊佐錦」です。伊佐錦はもともと味のいい焼酎を造るメーカーでしたが、この黒伊佐錦の登場でさらに飛躍的な成長を遂げることになります。

差別された焼酎杜氏

これはちょっとつらい思い出です。

焼酎造りに使うのは白麹と黒麹です。黄麹は使いません。逆に日本酒に黒麹を使うと酸っぱくなります。ですから、日本酒の酒蔵では焼酎杜氏の出入りがすごく嫌われました。

昭和53（1978）年頃、第一次焼酎ブームで福岡の清酒屋さんが焼酎を造り始めた頃です。

そのとき、私たちが行って焼酎造りを指導していました。蔵の中に入ると、なんと白い線が引いてあって、そこを越えたら「ダメ！」と杜氏が怒鳴るのです。

「ここから先は入るな！」

焼酎屋はその白線から1歩も入るなと、えらい剣幕です。焼酎屋の身体に染みついた麹菌が酒にうつると警戒しているのです。

要するに黒麹はクエン酸を出すから、「酒が酸っぱくなる」と決め込んでいるのです。そういう差別がありました。そんなことはないのです。彼らは誤解していただけです。菌の勢いは、黒麹よりも黄麹のほうが強いのです。黒麹と黄麹を一緒にしたら、ほとんど黄麹になります。黒麹が生存競争に負けるのです。酒が酸っぱくなるというのは彼らの思い込み。偏見です。

でも当時は、ずいぶんそれを言われました。夜になって日本酒の杜氏と一杯飲むと、彼らは焼酎屋をバカにしながらボヤきます。俺は焼酎みたいなものは造りたくないんだ、親父が言うから仕方なく造っている、本当はそんなものは——とグチるのです。日本酒造りのほうが上、焼酎みたいなものは——という意識です。

これは今でもそうです。南九州は酒を造る環境ではなかったので、やむなく蒸留して飲んでいたという往時の侮蔑の気分が横溢（おういつ）しているのです。焼酎造りは日本酒に比べると技術レベルが低いという意識です。こういう根拠のない差別は、伝統を誇る日本の杜氏にはふさわしくないと思うのですが、実際にはそういう差別が濃厚にあったのです。

焼酎工場を経営するも……

父はいつか自分で焼酎工場を経営したいという夢を持っていました。

焼酎は、麹だけでできるものではありません。仕込み水、蔵つきの酵母、もろみの温度管理、濾過、蒸留法と、いくつもの要素があります。醸造現場を持たない父にとって、それまでの技術開発は靴の上から足を掻くようなじれったいものだったのです。

そんな折りも折り、父の知人が焼酎工場を売りたいという話を持ってきました。めったにある話ではありません。父は熟考の末、この「錦灘酒造」の経営を引き受けることにしました。

父の思いは、業界に影響を与えない規模の小さな試験工場をつくればいいというものでした。種麹屋がメーカーを脅（おびや）かしてはいけないとの配慮です。鹿児島空港の近くに３００坪ほどの小さな焼酎工場を建設しました。当時父は62歳、工場建設のすべての手配をしたのは私でした。そして昭和61（１９８６）年の夏、第1号の焼酎「てんからもん」を細々と発売したのです。

種麴屋らしく、使用する麴菌は清酒に使用する黄麴と黒麴の融合菌。香りも従来の芋焼酎と異なり、軽快で甘みのある焼酎です。この焼酎は鹿児島県内で大評判となります。「焼酎の神様」が造った焼酎なのですから、当たり前といえば当たり前だったのかもしれません。

しかしこの行為は、当時の鹿児島の焼酎業界に大きな波紋を呼びます。

快調に出荷を続けていた「てんからもん」がある日を境に、突然、大量に返品されてきたのです。原因は、ある大手企業が卸屋に圧力をかけたからですが、当時は知るよしもありません。

プライドの高い父はこうなるとムキになります。社員全員にどんどん営業せよとハッパをかけます。そして実際に小売店を走り回った私は驚愕の事実を知らされました。種麴屋が焼酎本体に手を出すとはけしからんと、県内の焼酎メーカーのほとんどが敵に回っていたのです。彼らのただならぬ反感と憎悪がひしひしと伝わってきました。

自前の焼酎工場は、完全に裏目に出たのです。父の輝かしい焼酎人生も大きなターニングポイントを迎えます。

私と父の人間関係も、これを境に大きく変わっていくことになります。

鹿児島空港前に「観光工場」をつくる

焼酎メーカーの怒りを鎮めるために、父がとった手段はまったく意外なものでした。私にその全責任をとらせることにしたのです。

クビです。

私は河内商店を解雇されました。

――なぜだ！　俺は父の言うとおりに動いただけじゃないか！

なぜ俺を守らないんだ！

俺より、世間が大事なのか。

私は怒りに身が震えました。会社を守るためには、わが子を犠牲にしても繕わなければならないこともある。そんな世間の不条理を理解するほど私は大人ではなかったのです。このときは、心底、父を恨みました。

父のとった手段はそればかりではありません。ボロ会社「錦灘酒造」の経営を私に押し付けてきたのです。九州の焼酎会社という焼酎会社から目の敵にされている危うい会社です。若造の私に、持ちこたえられるわけがない。

しかし私は、父に逆らえませんでした。意に反して、新たに錦灘酒造の社長に就任したのは昭和63（1988）年の春のことです。

これが運命の分かれ道となりました。

当時の錦灘酒造は破綻の危機に瀕していました。明日落ちる100万円の手形、それを落とす現金がないのです。

経営者というものはお金がなくなると、とたんに弱気になるものです。現実から逃避したくなります。私は毎日、鹿児島空港前にある十三塚原の畑に車を止めて日がな一日考えていました。

鹿児島は焼酎県。しかしもう市場は満杯で、新しい銘柄が入る余地はない。では県外に進出するか？　いやそんな金はない。なぜなら錦灘酒造は土地も建物もすべて河内商店からの借り物で自己資産がない。担保がなければ銀行から融資を受けられない。借金して前に進むといっても、具体案があるわけではないのです。

ふと、空を見上げると飛行機が着陸するところでした。

——そうだ、ここは空港の町だ！

県外客が年間700万人も乗降する町じゃないか。鹿児島県民の4倍だ。

ここで、「観光工場」をやるというのはどうだ。

鹿児島の焼酎でも、酒でも、なんでも見せてやる。

一升ビンがわが社のシンボルタワー。右手の一角がチェコ村。

こう思いついたのは、その年の11月半ばのことでした。

観光工場の設立に向けて、それからの私が味わった労苦はまさに筆舌に尽くしがたいものでした。

2年後の平成2（1990）年、鹿児島空港前に観光工場と焼酎公園を兼ねた「GEN」が完成しました。企画書を書きまくり、思案に思案を重ねて、銀行から億を超える大金を借り出し、自前の工場をつくりあげたのです。これについて書き出すと、もう一冊別の本ができます。ここでその苦心談については触れません。

ただひとつ、この時期、私の髪は真っ白になりました。

「歴史を味わう」伝統の古酒造り

私はこれからつくる観光工場で、自分が何をしたいのか、自問自答しました。突き詰めるとそれは、

自分の焼酎造りの技術をお客様に評価してもらいたい。

そのときはただ、それだけでした。

観光で成功するんじゃない。焼酎で成功するんだ。そのために直接お客様の情報が入る観光工場は最適。必死に考えるうちにだんだん考えがまとまってきました。

わが社には歴史がありません。だから歴史的な展示物は出せない。しかし「河内菌」の技術の歴史がある。それを体験してもらおう。

新しい観光工場のテーマは「歴史を味わう」に決めました。

焼酎造りには400年の歴史があります。その時代ごとの焼酎を再現して商品化すればいい。そうすればお客様は歴史を味わうことができます。

最初に考えたのが世界最古の蒸留酒。エジプトで造られた「アラック」という蒸留酒です。アラブ原産のナツメヤシで造ったこの焼酎は「隼人の涙」という名前で商品化しました。隼人ならぬ山元正博の涙だったというのが、正直な思いです。

次に考えたのが日本で最古の酒。木花咲耶姫（このはなさくやひめ）が醸した口嚙みの酒、「天のたむ酒」です。観光工場ですからとにかくアイテム数を増やさないといけません。次に考えたのが最古の焼酎「泡盛」です。泡盛の語源はいろいろありますが、もともとは「粟（あわ）」で造っていたからという説があります。そこで粟を原料に麹をつくってみました。名付けて「寛永粟盛（あわもり）」。寛永年間に飲まれた粟盛というわけです。

そうこうしているうちに、オリジナルの焼酎を造ってほしいと依頼がきました。依頼主は島津興業（しまづこうぎょう）さん。世が世であれば拝顔することもかなわない薩摩のお殿様の会社です。

あの時代の焼酎とはどんなものかと調べてみると、驚いたことに芋焼酎ではなかったのです。芋焼酎は下級郷士が飲むもの。殿様は米でできた焼酎を飲んでいたのです。それも、「花垂れ」という高価な焼酎。ビールでいうなら「一番絞り」です。

蒸留で出てくる最初の部分だけを集めると、とても香りのいい焼酎になるのです。しかし一般的にはもったいないので全部集めます。さすがに殿様は贅沢でした。香りのいい部分だけを集めて飲んでいた。これが、「花垂れ」です。

そこで島津さん専用の焼酎は、お米を原料にした焼酎の一番絞りを造ることにしました。名付けて「薩摩自顕流」。お酒の吟醸酒の香りがする、とても甘い焼酎ができあがりました。この焼酎は今でもよく売れています。２００９年にはロンドンで開催された世界酒類コンテ

「チンタラリ」のためにに特注した蒸留用のカブト釜

スト（ＩＷＳＣ）の焼酎部門で第1位の栄誉に輝きました。

さらに、明治維新前夜の西郷さんたちが飲んでいた芋焼酎はどんなものだったんだろうと考えました。調べているうちに鹿児島市吉田町の民家から江戸時代末期の芋焼酎を仕込んだ記録が出てきました。昔は酒税法などありませんので、各村々で祭のたびごとに皆で造っていたらしく、そのときの記録です。いいものが見つかった。さっそく、昔の製法どおりに焼酎を造ってみることにしました。

昔の古いカメを集めてもろみを仕込みました。蒸留も、昔使われた「カブト釜」を使用。もろみを入れたカブト釜の上に杉樽をのせ、その上に銅製の陣笠を逆さまにしたものを置いて上に水を張ります。下からコトコトと直火でもろみを煮ると、焼酎の蒸気が杉樽の香りを吸いながら蒸発して上がってきます。これが、陣笠の冷たい表面に当たって結露する。ポタリポタリと焼酎のしずくが落ちてきます。これを裏山から切り出した孟宗竹で受けます。すると焼酎は孟宗竹の油を吸いながら垂れてくるのです。チンタラ、チンタラと。

カブト釜を再現し、昔のカメと昔の仕込みで芋焼酎を仕込んだのです。

できた焼酎は孟宗竹の油を吸ってうっすらと琥珀色。香りは新鮮な杉の移り香。味は少し荒っぽいのですが、従来の焼酎にないコクがありました。

私はこの焼酎を「チンタラリ」と名付けました。値段も思い切って、３５０ミリリットルで1万５０００円に設定しました。こんな高い焼酎は売れないだろうと思いながら……。ところがこれが、宣伝もしないのによく売れています。私が設計した中ではもっともヒットした商品のひとつに育ちました。

今販売しているのは20年貯蔵のもので、まったく水で薄めていない正真正銘のものです。売るのは1日に5本だけ。コミック『ＢＡＲ レモンハート』（双葉社）で紹介されましたから、ご存じの方もいらっしゃることでしょう。

商品開発という地味な仕事はわが社の将来を決定するもっとも重要なプロセスです。

チェコの地ビールに挑戦

観光工場がどうやら軌道に乗った頃、それまでの長い塗炭の苦しみも忘れたかのように、私は次の挑戦に臨んでいました。今度は、自分の手で極上の地ビールを造る。それもまた、長い間あたためていた夢だったのです。

ビールの本場はやはりヨーロッパです。ドイツで開催されるビールの国際展示会「ブラウメッセ」に視察にでかけました。場所は、ニュルンベルグ。1994年11月のことでした。会場はとてつもなく広く、世界中の醸造機械メーカー、ビールメーカー、穀物商社が一堂に会していました。

剛毅なことに、どこのコーナーでもビールはただで飲めます。いやあ、飲みました、飲みました。朝の8時から夕方の5時まで。足元がふらつくほどに飲みました。その翌日もまた、うまいビールを探して朝から飲み回りました。

そして最終日。もう私は二日酔いどころか三日酔い状態。会場に入ってビールの臭いをかぐだけでウェップ状態です。それでも意を決して会場へ。そして私の足は自然にあるコーナーへたどり着いていました。

実はこんなに酔うまで飲んだのには理由があります。ビールは「致酔飲料」です。酔って顕在意識を失っても美味しいビールが本当のビール。私はそれを探していました。なかなかない。ところが、そのコーナーのビールだけは三日酔いでも飲めるのです。うまい！

私はつたない英語で聞きました。

「Where do you come from?」

コーナーの男が答えました。

「Czech」

「んんん？」

私は聞き返しました。

「Check?」

「No! Czech」

チェコ、だったのです。

彼は、お前はチェコのビールを知らんのかとでも言いたそうな顔で、私に向かってまくしたてました。

「チェコのビールにくらべれば、ドイツのビールなんざ馬の小便だぞ。ロシアのビールは犬の小便だ」

横にいたおじさんも赤ら顔で言いました。

「俺はドイツ人だが、ビールはチェコのが一番だよ」

う〜む。これは、チェコに行かずんばなるまい。

チェコに飛んだ私は、世界一美味しいというチェコビールを心ゆくまで堪能し、即断しました。

「よし、チェコビールを自分の手で日本に広めよう」

「霧島高原ビール」の誕生

チェコビールの特徴はその糖化法にあります。

ビール造りを簡単に説明すると、麦芽、つまり芽を出した麦を60度のお湯の中に浸けます。そうすると麦芽に含まれる酵素が働いて麦芽のデンプンを麦芽糖に変えるのです。この麦芽糖にホップを加えて煮たあと、酵母を添加して発酵させるのです。

チェコの場合には、麦芽を一度に60度のお湯に浸けるのではなく、3回に分けて麦芽を煮出します。手数のかかるとても面倒な方法です。しかしこうすることで、ビールにえも言われぬ味わいが出るのです。専門用語でいうと、「デコクション法」という糖化法です。この3回デコクション法はチェコの秘技とされ国外には持ち出せないと聞いていたのですが、コンサルタントに雇った地元の醸造家ヤンはいともあっさりとこの技法を伝授してくれました。

プラハには何度も行きました。プラハ城からプラハ市内を見下ろす。

　このあと、糖化された麦芽液に、チェコが世界に誇るザーツホップを加えて1時間ほど煮ます。その後、熱交換機で急速に冷却して10度まで下げ、これまたチェコ特産のピルスナー酵母を入れます。うちが使ったのはプラハ市内にあるスタロプラメンという大手ビール工場の酵母。これも特注です。

　この発酵に際しても、チェコのやり方は独特です。通常はビール発酵液の腐敗を防止するために密閉タンクで行なうのですが、チェコは開放タンクを使います。私も微生物の専門家ですから、この方法を不安に思い、ヤンに聞いてみました。

「ヤン、開放タンクでビールを発酵させると雑菌が増えて危険じゃないか？」

「ミスターヤマモト、チェコではみな開放タンクだよ。味を大事にするには、これしかないんだ。雑菌の混入を防ぐには、徹底して掃除と殺菌をすることだ」

私はそのとき、味を大事にするために開放タンクが必要だという意味がわかりませんでした。しかし、ビールを仕込んだその翌朝、その理由がわかりました。

朝8時、発酵室に行くともうヤンが来ていました。ヤンはビールの表面に浮かんでいる黒いオリのようなものを網ですくっていました。

「上に浮いているのは酵母の粕だ。酵母が死ぬとビールの表面に浮いてくる。これを毎日すくいとるんだよ。そうするとビールの雑味が少なくなるんだ」

なるほど、密閉タンクでは酵母の死骸をすくいとることはできません。酵母の死骸をそのままにするとビールの味が重くなる。納得、納得。

この発酵タンクでは、ピルスナー酵母が発育する最適の温度である10度の温度を保ちながら、1週間、発酵を続けます。そしてアルコール度数が4％になった時点で熟成タンクに移し替えます。この密閉された熟成タンクの中でも、多少のアルコール発酵は継続されます。

アルコール発酵とは、糖が酵母の働きによってアルコールと炭酸ガスに分解される過程をいいます。当然ながら炭酸ガスが多量に発生します。これを密閉タンクでやるとビールの中に炭酸ガスが溶け込んで、あのシュワーッとしたビールが完成するのです。

ビールの仕込み釜。ここから霧島高原ビールが生まれます。

この熟成タンクでは、温度を0度に保ちながら、1ヵ月間熟成させます。炭酸ガスがビールに溶け込むのをじっくりと待つのです。これを「ナチュラルカーボネーション」といいます。自然に炭酸ガスを溶かすという意味です。これに対して、市販のビールは「ケミカルカーボネーション」です。つまり自然発生する炭酸ガスではなく、外部から炭酸ガスを注入して数時間、強引に溶け込ませるのです。その理由は単純で、1ヵ月も待てないからです。

では、ナチュラルカーボネーションとケミカルカーボネーションとではどちらがうまいのでしょうか？

いうまでもなく、ナチュラルカーボネーションのビールのほうが圧倒的に美味しい。理由は泡の細かさにあります。酵母のサイズは10ミクロン、つまり0・01ミリ程度の大きさです。この酵母の表面から炭酸ガスが発生するということは、炭酸ガスの泡も1ミクロンほどの、非常に小さなものになります。これに対して外部から強制的に炭酸ガスを吹き込む場合、セラミックの穴を通すことが多いのですが、これではとても1ミクロンのような小さな泡はつくれません。

この泡の大きさの違いが、決定的な舌触りの差となるのです。

平成7（1995）年12月初旬。いよいよ待望のビールが完成しました。

発酵タンクの横についている蛇口をそっと開けると勢いよく琥珀色のビールが吹き出して

きました。待ちに待った「霧島高原ビール」誕生の瞬間です。ビールの表面にのった泡はそう簡単には消えません。これもチェコビールの醍醐味。この泡に鼻を突っ込んでグビッ。

うまい！

小さな泡が舌先ではじけます。心地よい。しかもオールモルト（麦芽だけを原料にしている）なのに、味が軽快。やはり発酵期間中に丹念に酵母粕をすくいとった成果です。何杯でも飲める自慢のチェコビールがようやく誕生しました。霧島高原ビールはよく売れ、観光工場GENのトップセールス商品となりました。

チェコ村の建設

チェコ人は塩パンをかじりながらビールを飲みます。この塩パン、それだけ食べるとまずいのですが、ビールとはよく合います。本当に何杯飲んでも飲み飽きないのがこのチェコビールです。

ある夜ふと思いました。チェコ人にとってのビールはアルコール飲料ではない。日本人にとっての味噌汁のような存在だ。つまりビールはチェコの文化そのものではないかと。

それなら、ビールとともにチェコの文化そのものを紹介しよう。

そう決意して、同じ場所に「チェコ村」の建設を決めたのは、地ビールブーム真っ只中の

チェコ村の一角。すべてチェコの資材によってつくられています。

平成8年の夏のことです。

チェコ村の建物はプラハ城内にある有名な黄金通りを模して設計、屋根瓦も床板も木製のドアもすべてチェコ製を使うことにしました。

チェコ村の中に併設したレストランにはチェコ人のシェフを採用しました。おそらく、当時の日本では唯一の本格的なチェコ料理店だったと思います。

ここではチェコのピルスナービールを中心に、グラーシュ（黒豚のシチュー）、チェコのお好み焼きともいうべきバランボラー、蒸しパンのダンプリングなど、チェコのビールに合う代表的な食事メニューを揃えました。

チェコといえば、ビール以外に、ボヘミ

アングラスや木工の玩具、手づくりの人形が有名です。これも得意の飛び込み営業で、カレル橋のたもとにあるプラハで一番の民芸品店と独占販売契約を結ぶことができました。

こうして紆余曲折を経ながらも、平成９年12月、日本唯一のチェコテーマパーク「バレルバレー・プラハ」（チェコ村）はオープンしました。「バレル」とは酒を仕込む樽のこと、「バレー」とはチェコ語で工場のこと。つまり、「チェコの酒蔵」。

チェコ村開店と同時に来客もさらに増えて、10年前には倒産の危機に瀕していたことなど嘘のような賑わいとなり、来場者数は年間40万人を超えました。

このテーマパークはチェコ政府にも大きな感銘を与え、平成11年にはチェコ政府から外務大臣表彰（ヤン・マサリック賞）を受賞、施設内にチェコ政府観光局を開設するに至っています。現在では加えて、スロバキア名誉領事館も併設されています。

麹の道を究めたい

事業の勢いというものはとても移ろいやすいものです。今ベストのものが、明日には時代遅れとなる。38歳で立ち上げた事業が10年で一応の規模に育ち、社員も成長しました。今のところ、なんの問題もない。ではこの先も、観光事業一本で人生を突き進むのか。いつしか私の心の中に何かしら割り切れないものが芽生えていました。

平成7年の霧島高原ビール開発と平成9年のチェコ村建設により、観光事業は完全に軌道に乗りました。鹿児島空港前の「バレルバレー・プラハ」には常に大型観光バスが列をなすまでになりました。

待っても待ってもバスが1台も来なかった時代が嘘のようです。平成2年、開設当時ほとんどの社員に去られ、私と妻と従業員一人のたった三人で再出発した会社が、従業員100名を超えるまでになっていたのです。

しかし、その頃私は悩んでいました。

このままでいいのか？　見直すところはないのか？

迷ったときは原点に還れ――。これが事業経営の基本です。

私はいったい何のためにこの事業をスタートさせたのか、あらためて振り返ることにしました。

焼酎工場の経営がやりたかったのか？

いや、そうではなかった。

観光事業に進出したかったのか？

いや、そうでもない。

すべてに行き詰まり、食うためには他に選択肢がなかったから始めたにすぎない。ありていにいうとそういうことです。

では、生き残ったあとにやりたいことはなんだったのか？

それは、やはり「麹」だ。

私は麹の道を究めたいのだ！

焼酎造りは麹菌の利用の一形態にすぎない。麹菌にはもっともっと大きな可能性があるはずだ。

私は麹の道を究めたい。

それが、悩み悩んで出てきた私の結論でした。

《第5章》

環境を浄化する

観光工場の経営を妻に任せる。

そう決心して社長の座を降り、代表権のない会長に退いたのは、平成13（2001）年、私が51歳になる頃でした。そのちょっと前に、麴の研究開発に取り組む舞台として設立していたのが、「株式会社源麴研究所」です。「源」の一字はむろん祖父源一郎からもらいました。

スタートは、たった一人です。

研究の経費はもちろん妻の会社に頼みました。まだまだ人を雇えるほどの利益はありません。いや、売上げそのものがなかったのです。51歳の、ちょっと心細い再スタートでした。

でも、これでまっすぐに麴の研究開発に取り組める環境に身を置くことができる。

私の心は弾んでいました。

人生の折り返し地点を過ぎて、自分はどこまでやれるのか。

ここからが勝負です。

「麴菌は終わった学問だよ」

麴の研究といえば、忘れられない思い出があります。

まずそのことから始めます。

私が東大農学部に進んだのは、〝酒の博士〟といわれた坂口謹一郎先生（1897〜199

４）の研究室で勉強したかったからです。坂口先生は発酵菌類の研究で日本中の麹菌を集め、その分類、発酵メカニズムの研究を通して、醸造学の泰斗（たいと）として屹立（きつりつ）していました。最晩年には文化勲章を受章された学者です。

麹屋３代目の私は、その研究成果を会得したかったのです。とはいえ私が入学した頃には坂口先生はすでに退官され、当時の指導教授は後に国際微生物学会の会長になられた有馬啓先生でした。有馬先生には仲人の労をとっていただくなど、とてもかわいがっていただきました。大恩人です。

ある日、研究室の先輩からこんなことを言われました。

「山元くん、麹の研究はすでに終わった学問だよ」

「終わった学問……!?」

聞いた瞬間、私の頭の中は真っ白になりました。

口をもぐもぐさせながら、なにも反論できませんでした。

でも心の中では、

「何を言うか、

俺は麹に誇りを持っているんだ。

冗談じゃない、麹の研究をグングン伸ばしてやる」

猛反発していました。

反発したものの、実際、研究室では麹の研究は行なわれていませんでした。一世を風靡した麹の研究は、この研究室ではすでに終わっていたのです。

このときほど気持ちが落ち込んだことはありません。この道と決めた高校時代以来、ずっと温めていた麹への想い、麹の力を究めてやるという初志が、もろくもブチ壊された瞬間でした。しかし私は心のどこかで、「そうじゃない、そんなはずはない」と、反発を強め、絶対見返してやると奮い立ったのです。

この結果、学部時代は「抗がん物質の検索」に終始しましたが、修士課程では、河内菌を学問的に同定してくださった、祖父河内源一郎と親交のあった東大応用微生物研究所の北原覚雄先生がおられた第一研究室に移りました。ここでも麹の研究はかなわず、結局、私の修士論文は、「遺伝子変換の基礎技術となる酵母の細胞融合」となりました。遺伝子変換の基礎技術となる、日本で最初の酵母の細胞融合が成功したことを受けて、それを論じたものです。

あれから40年経ちました。あの出来事は今となっては懐かしい思い出です。たぶんあのときの発奮が、私をここまで麹の研究に駆り立ててきたのでしょう。

今、私は胸を張ってこう言えます、

「先輩、僕の判断は間違っていませんでした」

なぜ、そう自信を持って言えるのか、その研究成果をこれからお話しします。

「麴のすごさを覗いてほしい」と、「はじめに」で述べたのはこのことです。

養豚業の悪臭

日本中、いや世界中で、今、養豚業の悪臭が大きな社会問題となっています。

２０１２年になってチリでは豚舎が臭いということで暴動が起きています。

世界８位の養豚業者である「アグロスーパー」が経営する、アタカマ砂漠近くにある世界最大規模の養豚場で実際に起きたことです。住民は養豚場に続く道路を封鎖、警察との衝突が発生したと報じられています。世間があまり注目しないようなニュースですが、私にとっては商売上の重要なニュースです。すぐ目に入ります。

同社はチリの豚肉生産の50パーセント以上を占め、この工場から毎月２０００トン以上の豚肉が日本に輸出されています。日本の食肉業界にも早晩大きな影響が出るものと思われます。

養豚場の悪臭は日本でも大変な問題になっています。養豚場での悪臭による被害に対してあちこちで住民運動が起きていて、この問題を解決しない限り日本における養豚業の将来はないといってもいいでしょう。

人間も、事情は同じです。

人間の暮らしからはさまざまな排泄物が出されます。汚くて臭くて、やっかいなゴミは住民一人一人の切実な問題であると同時に、政治や行政の大きな課題です。しかし暮らしの歴史がゴミとの闘いの歴史でもあったように、人間がほとほと手を焼いてきたことも事実です。人間は、自分の出すゴミや汚物で窒息しそうになっている。地球全体がゴミで埋まり、悲鳴を上げています。うまい手はないのでしょうか。

ここでこそ、麹の出番なのです。

糞尿や排水を浄化し、いやなニオイを取り去り、食べ残しの生ゴミも有益な飼料に変えてしまう。そんな魔法の力を麹は持っています。

私はこの分野で、わが生涯の課題として麹の研究に取り組んできました。

日本の自然にはぐくまれた麹が、どれほど人間にやさしい、パワフルな微生物なのか、研究をするにつれてその力が見え、確信を深めていたからです。

「麹リキッドフィード」は養豚業の救世主

私がある養豚農家を訪問したときのことです。

豚舎の屋根が真っ黒に染まっていました。よく見ると、カラスの群れです。カラスが、糞の腐敗臭に引き寄せられて大集合していたのです。

近代養豚では、早く太らせるためにたくさんのえさを与えます。それが消化不良となり、未消化の飼料が糞の中に多く排出されます。この未消化の飼料が腐敗臭を放っているのです。この農家も、すさまじい悪臭でした。私はあいにく背広を着て訪れたのですが、背広にニオイがびっしりとこびりついてなかなか落ちません。帰りの飛行機の中では肩身の狭い思いをしました。

この悪臭は、私が開発した液状の麹飼料「麹リキッドフィード」で解決することができます。麹で発酵させた液状飼料（リキッドフィード）を豚に食べさせるのです。

リキッドフィードの中には麹が生産する酵素が大量に含まれています。この酵素の力で、食べた飼料がほぼ完全に消化されます。ここがポイントです。だから糞が腐敗せず臭くならないという理屈です。

その養豚農家は、その後すぐ私の麹リキッド技術を採用してくれました。変化はまず、その豚舎からカラスの姿が消えたことから始まりました。カラスの好きな腐敗臭が消えたのです。今では、あれほどすごかった悪臭もほとんど消え、豚舎に入っても背広に悪臭が染みつくこともなくなりました。豚舎の悪臭が消えると、豚肉までケモノ臭が薄くなりました。その肉には麹菌由来のビタミンEが大量に含まれて、以前と比べ、肉質がグンと向上しました。これはクリーンヒットの麹菌技術でした。

もうひとつの例です。

鹿児島に、私のかつての部下たちが経営する「源気ファーム」という養豚牧場があります。ここでは1200頭の豚をわが社が開発した麹リキッド技術で肥育しています。

豚舎の床に1メートルの深さで木くずが敷きつめてあります。敷床豚舎です。豚はこの木くずの敷床の上で屎尿を排泄します。排泄された屎尿は木くずと混ざります。麹リキッドを食べた豚の屎尿にはすでに麹菌が生育していて、すぐに発酵が始まります。発酵です。腐敗ではありません。

発酵する屎尿が木くずと一緒になり、それは堆肥へと変わります。

つまり、この豚舎そのものが堆肥製造工場になっているのです。

1200頭の豚は1日に約4トンの屎尿を排泄します。そのすべてがこの敷床で完熟堆肥になるのです。ですからこの牧場では一滴の排水も出ません。豚舎でありながら堆肥舎なのです。一石二鳥の牧場です。

それだけではありません。麹発酵した液状飼料（麹リキッドフィード）のpHは4。この数値はかなりの酸性です。このような酸性下では、一昨年、話題になった口蹄疫のウィルスも死んでしまいます。病気の危険性は非常に低くなります。事実、この豚舎の事故率、つまり大きくなるまでに死亡する豚の比率はわずかに１・５％。大手の豚舎の事故率は10％にも達するというのですから、これは驚異的に低い事故率です。

やっかいなことですが、普通の敷床豚舎で育てられた豚には、回虫が発生します。そのため内臓が回虫で汚染され、内臓のほとんどが廃棄されるといいます。つまり普通の敷床豚舎で飼った豚の臓物は食べられないというのが常識です。ところが「源気ファーム」で育った豚の内臓の廃棄率はわずかに４％という結果が出ました。引き取っている食肉業者が首をかしげるほどの好成績です。

その違いは麹です。

麹を食べた豚の内臓では、乳酸菌が活発に活動して乳酸を生成します。これが糞といっしょに排泄されるので、糞のpHも酸性側に傾いています。そうした酸性下では回虫も生きることができないのです。回虫がいない豚に変わり、内臓も問題なく食べられます。

養豚でいわれるのは、基本的には「豚舎の臭い＝豚肉の品質」です。

豚舎が臭くない牧場の豚肉は品質がいい。「源気ファーム」の豚の「上物率」（「Ａ４等級以上」と呼ばれる上質肉の割合）は70％を超えています。

つまり麹で発酵させた液状飼料を豚に給餌すると、豚舎は臭くなくなる、肉質は良くなる、病気の発生は抑えられる、さらに内臓の回虫もほとんどいなくなる、という効果が得られるのです。

２０１１年11月、千葉県の幕張で開催された「アグリビジネスフェア」で、私たちは農水省のブースに出展しました。農水省もこの技術を認めたのです。２０１２年の2月には農水省が選んだ5社の中の1社として学術講演もやらせていただきました。

麹を使ったこの飼料は一石三鳥にも四鳥にもなるすぐれものです。この技術はすでにわが社の特許として確定しています。この方面に関心のある方はぜひご相談ください。

麹菌で「完熟堆肥」をつくる

畜産の世界での最大の課題、屎尿処理についてもう少し述べます。

家畜は、ともかく大変な量の屎尿を排泄します。もちろんそのままでは公害になるので堆肥として土に還元するのですが、その過程がまた大変。堆肥になるまでの間に、屎尿は大量のアンモニアを発生させてしまいます。この悪臭で閉鎖に追い込まれた堆肥場も数多くあるほどです。

麹を使えばこの問題も解決できると判明したのはつい最近です。

通常、豚舎に入ってきた子豚は３ヵ月で成豚となり、出荷されます。

そのあとに敷床を取り出して堆肥場に積み上げます。そうするとこの敷床は発酵による発熱が始まり、80度まで温度が上がります。この積み上げた堆肥をときどき酸素を供給するためにパワーショベルで攪拌（かくはん）するのですが、温度が上がっているので、もうもうと湯気がでます。普通の豚舎ならこの湯気がまた非常に臭いのです。とてもではありませんが目を開けていられないほどにアンモニアが出ます。臭いは下着にまで染みつきます。

ところが「源気ファーム」ではこの悪臭がまったくない。衣服を着換える必要もないくらいきれいに消えます。麹のおかげでまったく無臭の完熟堆肥ができるのです。

そこで「堆肥」の話です。

農家にとってはこれもとても重要です。

家庭用菜園に生ゴミからつくった自家製堆肥を入れたら、生長はよかったのに、雨が降ったら一発で枯れてしまった――という話をよく聞きます。生ゴミ製の自家用堆肥の多くはタンパク質を多く含む「未熟堆肥」です。枯れたのは、雨降りと同時に、堆肥中のタンパク質が分解されてアンモニアが生成された結果なのです。アンモニアは植物の根腐れの原因となります。

ところが、麹リキッド技術でつくられた堆肥は、いわゆる「完熟堆肥」です。完熟堆肥はその中に含まれるタンパク質が９％以下でなければなりませんが、完全にこの基準を満たしています。

完熟堆肥をつくるには、タンパク質をいかに分解するかが大きな課題となります。酸素のない状態で堆肥をつくると、タンパク質が分解してアンモニアができます。これが大変な悪臭を放つのです。一方、堆肥に酸素を送ると、ある程度、悪臭から解放されますが、こんどは「硝酸態窒素」が問題となります。

硝酸態窒素というのは、タンパク質が分解して酸素と結合して硝酸イオンとなったもので、浴びすぎると人体に害となる、強烈な毒素です。しかも水に溶けるので始末に悪い。雨が降ると硝酸態窒素は水に溶けて地下水を汚染します。

この地下水を飲むと、硝酸中毒になるか、下手をすると体内で「ニトロソアミン」という強力な発がん物質までつくってしまう、とても危険な代物なのです。あちら立てれば、こちら立たず。

いったいどうしたら、安全で、臭くない堆肥がつくれるのか。

もっとも安全な堆肥にするには、最終的に、この硝酸態窒素をつくらない状態にもっていくことです。これは誰にでもわかる理屈です。

どうするか。

堆肥中のタンパク質が硝酸態窒素に変わったら、それをさらに還元させて窒素ガスとして大気中に放散させるのです。窒素ガスなら大気中に大量に存在しています。もちろん無害です。

では、どうしたら硝酸態窒素を還元することができるか。

方法があります。

自然界の中にその決め手となる微生物がいるのです。それが「亜硝酸還元菌」という微生物です。硝酸態窒素の還元には、この「亜硝酸還元菌」の助けがぜひとも必要です。ところが、この亜硝酸還元菌は成長が遅いのが難点。自然のままではなかなか増えてくれません。

ところがなんと、麹菌を食べた豚の屎尿にはこの亜硝酸還元菌が住みつくのです。

麹菌は亜硝酸還元菌とも仲がいいのです。

「やったぜ！」

思わず叫びたくなりました。一歩も二歩も前進です。

ただこの亜硝酸還元菌が増殖するには３ヵ月かかります。３ヵ月待てば、亜硝酸還元菌が増殖し、その後は次々に完熟堆肥ができていきます。

やっぱりすごいです、麹菌の力というのは。

前述の「源気ファーム」や「株式会社中国開発 www.chugoku-kaihatsu.co.jp」（広島県）で生産された完熟堆肥は内部の温度も70度以上に達し、色は真っ黒です。含まれる硝酸態窒素はなんと50ｐｐｍ以下。

つまり見事な完熟堆肥となっています。私はこれをいつもカバンに入れて持ち歩いています。ここまでになるんだよというサンプル代わりです。

食品リサイクルも麹でうまくいく

この10年間、ずっと問題となりながらも、なかなか進まない食品リサイクルにとっても麹菌は有効です。食品リサイクルとは、人間が食べ残した食品を加工して家畜のえさなどに再利用することです。

とはいえ食品リサイクルはお金がかかります。

現状の技術ではあまりいいリサイクルができていないというのが一般的な評価です。たとえば数年前に、鳴り物入りで建設された食品残渣飼料化工場が巨額の赤字を計上して倒産しました。費用がかかるわりには飼料としての再利用がうまく進んでいない。それが現実です。

しかしこれも、麹菌を使えば実に安価に食品残渣を飼料化することができることがはっきりしました。しかも品質の良い食肉（豚）の生産が可能となります。

やり方は実に簡単です。食品残渣（食べ残し）を集めて麹菌をふりかけるだけ。あとは通気して、24時間から48時間もおけば、食品残渣はドロドロの液体になります。麹菌が生産す

増体重（6週目累計）

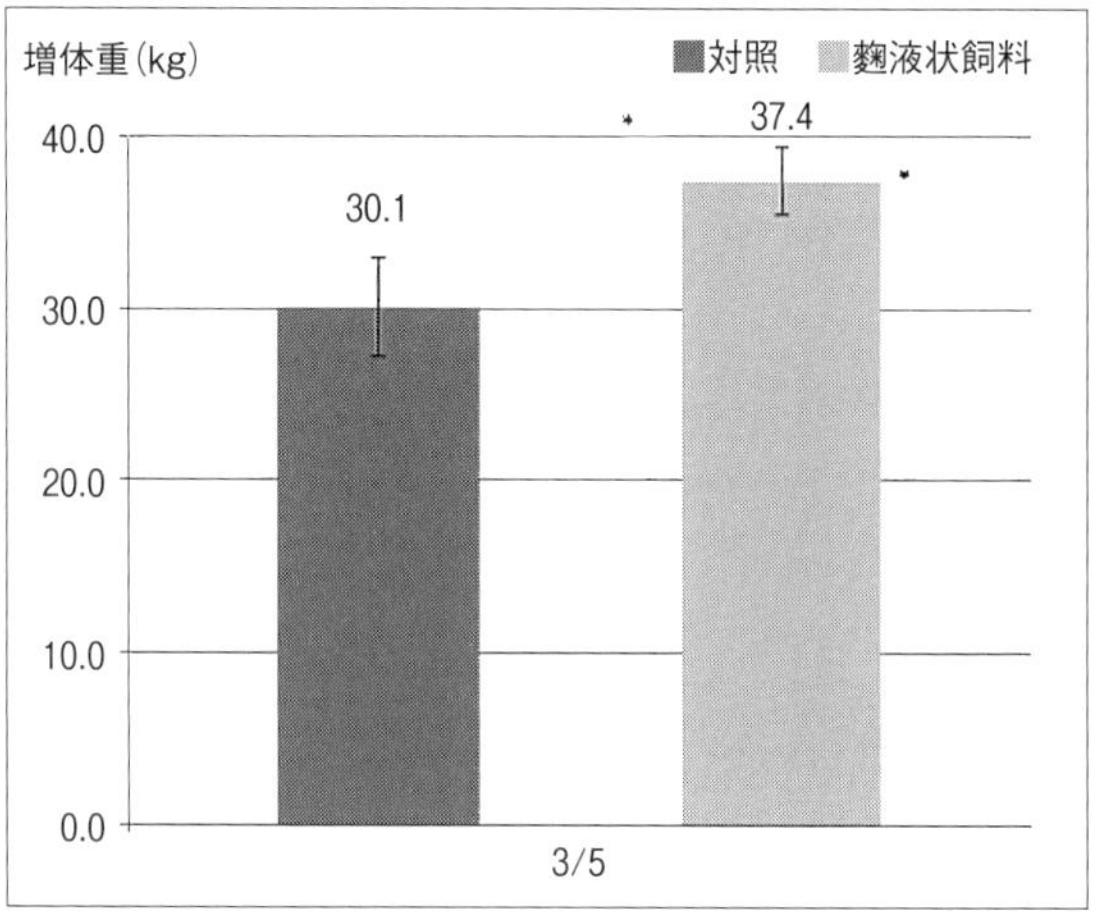

るクエン酸のおかげでpHは４以下。

つまりかなりの酸性になり、食品残渣は腐りません。しかもこの酸性条件下では、前述したように口蹄疫のウィルスも死んでしまいます。その結果、とても健康的な液状飼料ができあがります。

この麹液状飼料を豚に給餌した結果が上のグラフです。

通常の配合飼料を食べた豚よりも、２割以上も体重が増えています。これは、これまでの飼料栄養学の常識を超えた結果です。

従来の飼料栄養学の常識では、摂取したカロリー以上に豚が太ることはありません。

しかし麹液状飼料を食べた豚は、その常識をはるかに超えて成長しているのです。

現在日本では年間２０００万トンの食品残

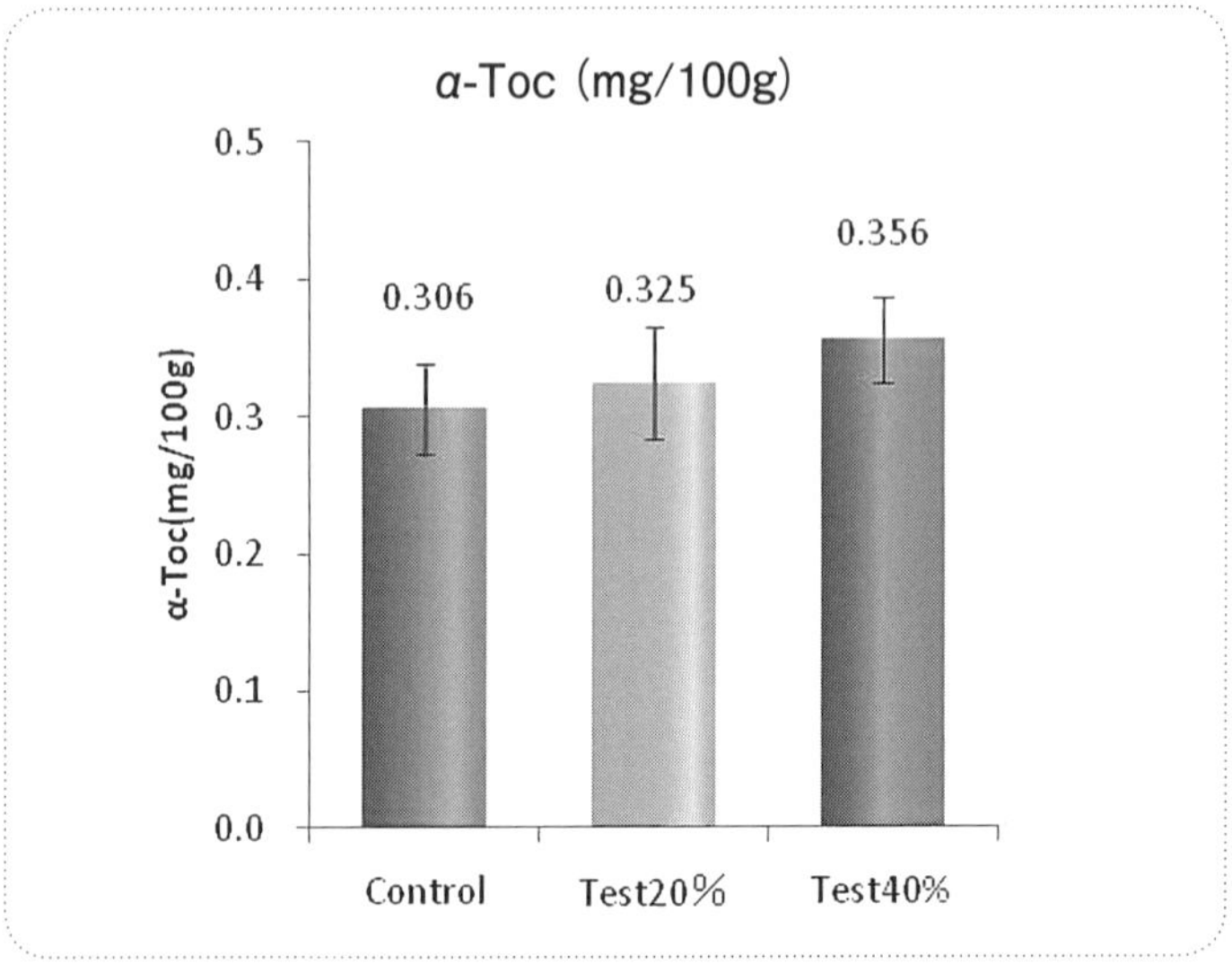

渣が発生しているといわれています。単純計算しただけでざっと東京ドーム16杯分の食べ残しが毎年排出されているそうです。その半分の量、つまり1000万トンをこの技術で飼料化すれば、年間500万トン使用されている豚用の飼料は100万トン以上も節約することができることになります。その根拠は、同量のえさで体重が2割増えるという事実です。

上のグラフもご覧ください。

これは豚の肉質を調べたものです。

上にある「α-Toc」とは、いわゆる「ビタミンE」のことです。

「Test20%」と「Test40%」はそれぞれ、配合飼料の代わりに、その20%または40%を麹液状飼料に替えて給餌した豚の肉質検査の結果です。

ここでわかったのは、麹液状飼料を多く給餌すればするほど、肉中のビタミンＥは増加していることです。つまり肉の鮮度が向上しているのです。これを食味試験すると、液状麹を食べた豚の肉のほうがうま味が強く、豚独特の臭みが消えています。

健康な家畜を育てる「TOMOKO-N」

その後、飼料の研究をさらに進めました。

そうして生まれたのが新しい麹飼料「TOMOKO-N」です。

そのきっかけは、「麹菌が脳の下垂体に作用してストレスホルモンの分泌を抑制する」ことを発見したことです。これは重要な発見でした。

大事なポイントは、ストレス抑制効果です。

その製法は企業秘密なので公開するわけにはいきませんが、効能をざっと説明します。

「TOMOKO-N」を飼料に添加すると、家畜のストレスが減ります。

すると、結果として食べるえさの量も少なくなったのです。

場合によっては10％以上も減りました。

それで家畜は痩せるのかというと、これが逆なのです。

「TOMOKO-N」のタンパク合成促進作用により、家畜の体重は逆に増えたのです。

つまりより少ないえさで、より体重の多い家畜が生産できるのです。

これもこれまでの飼料栄養学の常識を超えています。しかも、ストレスの少ない健康的な家畜です。「TOMOKO-N」の添加量は配合飼料のわずか0・5％。それだけです。

2011年の終盤から、いよいよ結果が出始めました。

11月、あるブロイラー農家にお邪魔したときのことです。

ここは2011年の夏から「TOMOKO-N」を使用しています。

お会いした途端、ご主人はニコニコ顔で、

「すごいよ。飼料要求率が1・92になっちゃった」

飼料要求率1・92とは、1キロの体重を増やすのに1・92キロのえさを使ったということです。通常は2・1くらいですから、えさ代が1割ほど節約になったということ。

「おまけに1日に体重が70グラム以上増える。こんなの見たことない。おかげでね、1ヵ月当たりの収入が50万円も増えたよ。ありがとう！」

いや、嬉しいのなんの。

メーカーさんや問屋さんにこの主人の声を聞かせてやりたい。

この農家が使った「TOMOKO-N」の代金は5万円。つまり5万円の投資で50万円も利益が増えたのです。

「グループの皆に教えるからな……」

その主人は嬉しいことを言ってくれました。

従来の飼料添加物では、えさの消化吸収率を向上させることで家畜の増体をはかります。とにかく食べさせるのです。ですから、これまでの飼料添加物を使えば体重は増えますが、それだけ、えさ代もかさみます。

しかし「TOMOKO-N」は違います。

えさ代は減って体重は増えるのです。従来の飼料栄養学をはるかに超える革命的な飼料なのです。「TOMOKO-N」は今ようやく、社会に認められ始めました。

現在の日本では、ブロイラーと豚の飼料として年間１０００万トン以上の穀類が使われています。それが、わずか４万５０００トンの「TOMOKO-N」を添加するだけで、１００万トン以上の飼料が節約できるのです。これで、世界の畜産環境は大幅に改善されます。

日本が生んだ古くて新しい技術、それが麹です。

理想的な「リサイクル・ループ」

この成果をもとに、現在、愛知県・渥美半島の田原市では冨田組（www.tomidagumi.

co.jp）を中心に「リサイクル・ループ」の試みが開始されています。

次のようなシステムです。

スーパーやコンビニから出る食品残渣（食べ残し）はそれこそ膨大な量です。

これに麹菌を加えて液状飼料に加工し、近隣の養豚農家の豚に給餌しています。

ここの豚舎の床は竹を粉にした敷床。

豚はこの竹粉の上で排泄します。

排泄屎尿にはすでに麹菌が生育しているので、堆肥化は順調に進みます。

この敷床でつくられた堆肥は、そっくりそのまま近隣の有機農法の農家に運ばれ、そこで有効に再利用されます。つまりは廃棄物は出ません。廃棄物をまったく出さずに、高品質の豚肉をつくり、豚の排泄した屎尿で完熟堆肥をつくり、それで野菜を育てる。これが冨田組とわが社が共同で行なっているリサイクル・ループです。

見事なリサイクルだと思いませんか。

この試みは内外から大きな注目を浴びています。私も最近は毎週のようにいそいそと渥美半島へ出かけています。愛知県は食品産業も畜産業も農業も盛んなところです。この試みが成功すれば、日本の農業は大きく変わります。

ところで、「地産地消」という言葉をご存じですね。この言葉はすっかり市民権を獲得したようです。その土地で生産されたものはその土地で消費するのがいちばんいい、という考え方ですね。

その考え方からすると、本来、農業と畜産業は一体でなければなりません。

地元でとれた農産物は地元で消費する。

同じように、地元でとれた農産物で地元の家畜を肥育する。家畜から排泄された屎尿から堆肥をつくり、それを地中に還元する。その土でさらに農作物をつくる。こういうループです。

こうすればすべてがきれいに循環します。

しかし現在の仕組みはそうではありません。歪んでいます。

たとえば畜産業のえさは、大半がアメリカからの輸入トウモロコシです。

本来は、畜産で排泄された屎尿をトウモロコシの生産地である地元に戻せば、完全な循環型社会となるのですが、日本とアメリカとでは距離もあり、これには運搬費も手間もかかって大変です。そうはなっていません。やる気もないのでしょう。

その結果どんなことが起きるのか。

これが大問題なのです。

その一例が、わが故郷、鹿児島県の大隅半島です。

大隅半島で排泄される家畜の屎尿の量は、なんと、１０００万人の東京都民が排泄する屎尿の量とほぼ同じです。このままでは早晩、大隅半島は人が住めなくなるのではないかと危惧されています。

人が住めなくなる主な原因は、先ほどから問題にしている屎尿の「硝酸態窒素」です。前に述べましたが、硝酸態窒素は水に溶けてどんどん地下に浸透し、地下水に溶けます。硝酸態窒素を大量に含む水を飲むと、家畜のみならず人間までもが硝酸中毒を起こし、最悪の場合、死に至ることもあるといわれます。

これが、大隅半島に人が住めなくなるのではないかと心配されるゆえんです。だからといって、輸入トウモロコシに頼る今のいびつな畜産業を即刻是正せよといっても、現実問題としては簡単ではありません。人それぞれに生活がかかっているわけですから。

ここでも麹菌が活躍します。

麹を含む飼料を家畜に食べさせると、排泄された屎尿には麹菌の菌体が大量に含まれていることは前に述べましたね。この結果、多少の時間はかかりますが、亜硝酸還元菌が増殖して、タンパク質から発生する硝酸態窒素を安全な窒素に分解してくれるのです。

ここでの鍵は麹菌の「共生作用」です。

麹菌は、酵母、乳酸菌、光合成細菌、放線菌、そして亜硝酸還元菌など、いわゆる人間にいい善玉菌といわれる微生物のほぼすべてを活性化してくれるのです。麹菌のコラボレーション能力（共生作用）はすごいのです。

麹菌が土壌の浄化にも役立つことが、こうして明らかになりました。

２０１１年秋、大隅半島では鹿屋市からの委託を受けてわが社は悪臭のきつい豚舎の改善に取り組みました。やったことは簡単です。豚が食べる飼料に消臭専用のTOMOKO-Nをほんの少し混ぜただけです。３ヵ月後には見事に悪臭は消えていました。

このTOMOKO-Nはすでに商品化され、今では茨城県の農家でも使用されています。この農家はそれまで、屎尿を溜桝（ためます）に貯留したあとに液肥として畑にまいていました。TOMOKO-Nを使用し始めて２ヵ月後、私に電話がありました。

「すごいよ。今まで見たこともないことが起きている」

「どうしたんですか？」

「いやあ溜桝の屎尿が泡を吹き始めたっぺよ。とたんに匂いがしなくなったんさ。だもんで、こいつを畑にポンプで送ろうとしたら、これまた今まで粘度が高くてなかなか送れなかった屎尿がサラサラになってってよ、簡単に送れるっぺさ。でもって畑でも泡を吹いてやんのよ」

これは、麹菌とそれに関係するさまざまな菌がすでに豚の腸内で発酵を開始し、排泄とともに屎尿槽の中でさらに活発に働いた結果なのです。

これまでの屎尿処理は、排泄されたあとにどう処理するかしか考えられていませんでした。しかし〝臭いは元から断たなきゃダメ〟なのです。つまり、飼料を家畜に食べさせるところから始まるというわけです。

我々だっておなかの調子が悪いとウンチも臭いでしょ。豚も同じです。

一刻も早く、わが大隅半島を麹菌の香りで包みたいものです。

麹でレストランの排油を分解する

レストランからの排水が海を汚していると問題になったのは、今から4年前の2008年の初頭でした。日経新聞が、飲食店から排出された食用油が下水管内で固まり、東京湾の浜辺に打ち上げられて異臭を発していると報じたのです。

一般にレストランでは大量の食用油を使います。

その結果、排水にもかなりの油が混入します。

そのまま放流してしまうと、これが河川汚濁の原因になります。

そのため、レストランには油を分離するための「グリストラップ」という装置の設置が義務づけられています。レストランではこのグリストラップにいったん排水を貯めて廃油を表面に浮かせ、油を含まない排水を下面から引き抜いているのです。

それでも排水には、少しずつ油が混入してしまいます。配管の中に油のスケール（塊）が溜まって、目詰まりを起こす事故が絶えません。あるいはそのまま海に流れ出し、日経新聞の記事のように、「オイルボール」が海岸に漂着するというようなケースも多いのです。

排水処理はレストランにとっては大変やっかいなものです。対策として、グリストラップ内の油を酵素やオゾンを使って分解する試みがなされているのですが、これらは必ずしもうまくいっていません。

これも、麹菌を使えばうまくいきます。

専門的な説明は避けて結論だけをいうと、油は麹菌で徐々に分解され、炭酸ガスと水に分かれ、排水はあっという間にきれいになります。それは見事なものです。

それだけではありません。

麹菌は生きているのでどんどん増殖し、排水の配管内にも生育するようになります。そうすると、排水管内の油のスケールも除去されて、配管の目詰まりを未然に防ぐことができます。現在この排水分解装置は、私の地元の鹿児島県内の大手デパートやホテルのほとんどに設置されています。保守も月１回の巡回管理をするだけで、簡単です。

私としてはあまり積極的な営業はしていないので、この技術は全国的な広がりには至っていません。しかし、これも時間の問題です。

麴菌は排水処理にも非常に有効な微生物なのです。

浄化槽の悪臭で困っていたケーキ屋さん

ある日、製粉会社を経営する友人から電話がかかってきました。

話の内容は、彼の得意先のケーキ屋さんが排水の処理で困っている。それなりに浄化槽は設置してあるのだが、表面に汚泥が浮遊して、強烈な悪臭を放っているというのです。浄化槽の処理は私の本業ではありませんが、麴菌の環境浄化能力がどの程度のものか、そこに興味があるので、早速そのケーキ屋さんに行ってみました。

閑静な住宅地にあるそのケーキ屋さんは瀟洒な建物で、庭も美しく花で飾られています。しかし駐車場に車を止めてドアを開けると、プ~ンと異臭が鼻をついてきました。明らかに浄化槽の悪臭です。きれいなお店の構えとはあまりにもアンバランス。これではブチ壊しです。

早速、店の裏にある浄化槽へ。

浄化槽の蓋を開けるとヘドロがたっぷりと浮かんでいます。

排水の浄化が進んでいない証拠です。

店長さんに話を聞くと、毎月10万円以上の消臭剤を使っているが、まったく改善されないとのこと。この消臭剤は相当強力な酸らしく、排水用のコンクリート側溝が浸食されてボロボロになっていました。店長さんとしても、保健所から改善勧告を受けるやら、来店客からの苦情は殺到するやらで、ほとほと困り果てている様子です。そうなると協力せざるを得ないのが私の性格。やってみましょうと腰を上げました。

ケーキ屋さんの排水のほとんどは油と小麦粉。しかも余った小麦粉などをそのまま水で流したりしています。これでは浄化槽への負荷は高まるばかりです。

そこで、余った小麦粉は決して水で流さず、ホウキでかき集めてゴミ箱に捨てるようにお願いし、その上で排水溝から浄化槽へ流れる水路の途中に前処理槽を設置することにしました。

しかし、予算は30万円以内だというのです。おいおい、毎月10万円以上も支払っているんじゃないのと思ったのですが、店長さんの愛想があまりにいいので、ついついＯＫしてしまいました。

処理槽は駐車場に転がっていた中古のプラスチックタンク。この中に油分解専用の麹菌とデンプン分解専用の麹菌を植え付けたスポンジを放り込みました。

このタンクを排水路の途中に設置して排水を貯め、ボコボコとエアを通気します。通気しないと麴菌は生育してくれないのです。これで1ヵ月もすれば悪臭はとれるだろうと考えていたら、3日後、隣の家からクレームが。通気するエアのボコボコ音がうるさくて眠れないというのです。

しょうがない。予算オーバーですが、乗りかかった舟。内側にスポンジを貼ったベニヤ板の箱でこのタンクを覆うことにしました。やっぱり予算は多めにしておくに限ります。何が起きるかわからない。しかし、クレームはその程度で、あとは順調。

1ヵ月後には見事に悪臭は消え、浄化槽に浮かんでいたヘドロも消えていました。麴菌が油汚れを掃除したのです。

麴菌で排水を浄化する

私たちが小さい頃はポッチャン式のトイレがほとんどでした。

今では日本中のほとんどすべてが水洗トイレに変わり、水洗トイレから流された排水はいったん浄化槽に入り、微生物で浄化されて河川に放流されています。

トイレの屎尿排水には多量の有機物が含まれています。

この排水に通気をすると自然と微生物が湧きついて、それが排水に含まれる有機物を食べて、炭酸ガスと水に分解してくれます。さらにこの微生物を食べる微生物や原虫がいて、排水は徐々にきれいな水になります。最後は溜まった微生物のカス（活性汚泥）を沈殿させて、上澄みを河川に放流します。これが現在の一般的な浄化システムです。

しかし、このシステムには問題があります。

近代浄化槽理論では、汚泥の濃度に合わせて処理槽の大きさと通気量が決定されます。これが普通でした。従来の浄化槽の世界は化学工学の世界であり、微生物工学の世界ではないのです。これは問題です。

私にいわせれば、排水の浄化こそ微生物工学の世界なのです。

排水の種類によって使う微生物の種類も変えるべきなのですが、それをやっているところはほとんどありません。

屎尿に含まれる有機物はタンパク質が大半です。

米の研ぎ汁やうどんのゆで汁はデンプン質を多く含んでいます。

どんな素人でもわかることですが、両者はまったく性質がちがいます。

米の研ぎ汁やうどんのゆで汁は、屎尿処理を対象とした従来の浄化槽ではなかなか分解されません。そもそも、お米の研ぎ汁やうどんのゆで汁を屎尿と一緒に排水処理するなんて時代遅れもはなはだしい。ナンセンスだと思いませんか。

屎尿はそのまま浄化処理するしかありません。

しかしお米の研ぎ汁やうどんのゆで汁は、新鮮であれば飲むことも可能です。

要は腐るから困るだけ。

そうだったら、このような排水は浄化することで再利用する方法はないものだろうか。

これもまた麹の出番です。

麹菌はこれらのデンプン質が大好き。

なんせ麹菌は、デンプン質の塊のような米や麦に直接生えるくらいですから。

こんなことを書くと排水処理の専門家は、素人がなにバカなことをいっていると苦笑することでしょう。なぜなら麹菌はカビの一種です。カビは排水処理技術者にとっては最大の敵なのです。

カビはいろんな有機物を旺盛に食べてくれるすばらしい微生物です。

でも水の中でカビが増殖すると大変なことになります。カビは別名「糸状菌」というくらいで、クモの巣のようにその菌糸を伸ばし、あたかも水中に綿屑を放りこんだときのように広がります。こうなると始末に負えません。水と汚泥を分離することが不可能になってしまうのです。これを業界では「バルキング」といって極度に警戒します。

このバルキングの問題を解決しなければ、いかに麹菌でも排水処理はできません。

しかし私は、代々続いた麹屋の倅(せがれ)です。

現場に根ざした知恵で、この難問を解決しました。

ふつうに麹をつくる要領で、麹菌を特殊な布に植え付けます。

この布を排水の中に投入すると、麹菌は排水の中をプヨプヨ浮遊することなく、布の中だけで増殖してくれるのです。バルキングは起きません。排水はあっという間にきれいで透明な水になります。

この技術を使えば、研ぎ汁やゆで汁のような排水も、いったん浄化したあとで、トイレのフラッシュ水や床の洗い水として再利用することができます。

一般に工業団地で食品産業が利用する水は有料です。その水道料金はバカになりません。でもこの麹技術を使って研ぎ汁やゆで汁を再利用できれば、大幅なコストダウンも可能になります。現在この技術は、鹿児島で一番のうどん専門店「ふくふく」のセントラルキッチンで採用され、日量20トンのゆで汁排水を処理しています。この技術は農水省の「食品産業競争力強化対策事業」の助成金をいただいて完成することができました。関係者の方々には厚く感謝します。

麹菌の「発熱効果」を利用する

麹菌は、成長する過程で大量の熱を発生します。

麹菌には、「大きな発熱効果」があるのです。

これも麹菌が持つ潜在的な力です。

この発熱能力を利用すれば、化石燃料を使わずに、水分の多い食物残渣を乾燥させることができます。麹菌が発熱し始めたとき風を送れば、食物残渣中の水分が気化して、乾燥するのです。

このことで今、私がもっとも関心を抱いているのは、東南アジアで生産されているパームオイルです。日本人にはあまりなじみがないのですが、油椰子からつくられるパームオイルは、今や大豆油を抜いて世界一の生産量を誇っています。

しかし問題なのは、その製造工程で大量に排出される「ＰＯＭＥ」（ポメ）と呼ばれる廃液です。この廃液が貯留槽で腐敗して大量のメタンガスを発生させるからです。つまりパームオイルは、温暖化ガスを大量に発生して環境を汚染していると騒がれているのです。これが欠点です。

パームオイルの欠点はもうひとつありました。

こちらのほうがより問題なのですが、それは「融点が高い」ことです。つまり寒い冬には固まってしまい、非常に使い勝手が悪いのです。しかしこの欠点も麹菌が解決してくれることがわかりました。

パームオイルに麹菌を作用させると融点が下がるのです。つまり多少寒くても固まらなくなります。

理由は、麹菌には油を還元する作用があり、その結果として融点が下がるのです。

私はこの「ＰＯＭＥ」をひそかに日本に取り寄せて研究してみました。

その結果、わかったのは「ＰＯＭＥ」には大変なカロリーがあることでした。

麹菌を使って乾燥させるとすばらしい飼料に化けるのです。

もっともパームオイルの生産拠点は東南アジアです。

日本とはかなりの距離があります。数年前、この件に関してマレーシア政府から引き合いがありましたが、なにしろ本腰を入れるには資金がかかります。中小企業の経営者である私にとっては荷が重い。どこか大企業のパートナーでも現われれば、ぜひとも挑戦してみたいと思っています。東南アジアの環境を改善し、かつ経済的にも大きく寄与するはずなのですが、これは今後の課題です。

ついでにもうひとつ。温暖化対策といえば、化石燃料をいかに減らすかが課題です。そこで浮上するのが代わりの燃料です。そのひとつがバイオエタノール（トウモロコシなどの植物由来のアルコール）です。しかしバイオエタノールの生産には膨大なコストがかかります。

その生産工程でもっともエネルギーを使用しているのが、エタノールを蒸留する過程で排出される廃液の処理です。アメリカでは現在、この廃液を加熱乾燥して「ＤＤＧＳ」という家畜飼料をつくっていますが、加熱処理の工程だけで、エタノール製造に必要なエネルギーのなんと半分以上を費やしています。つまり加熱処理のために膨大なエネルギーと大金を使っているのです。これではイタチごっこですね。

この問題も麹で解決できます。

麹菌の発酵熱を利用するのです。麹菌を使えば、40度という低温で廃液を乾燥させ、飼料にすることが可能だとわかったのです。高コストの化石燃料を使用しないで済みます。しかも低温乾燥なので飼料の熱変成もありません。できた飼料には、麹菌の成長促進効果も期待できるので、飼料としては一級品となります。

麹菌を使えば、より安いコストで、より高品質の飼料が生産できるのです。

私たちは麹菌の能力をまだまだ理解していなかったのです。

麹菌の秘められた力を活用すれば、世界の食糧危機を十分救うことができます。

麹菌の研究に戻って十数年、次のような力が見えてきました。

◎養豚業の悪臭退治

◎食品リサイクルもうまくいく
◎「完熟堆肥」をつくる
◎健康な家畜を育てる
◎理想的な「リサイクル・ループ」を実現
◎土壌の改良
◎浄化槽の悪臭を消す
◎グリストラップの浄化
◎排水を浄化する
◎発熱効果を利用して、低コストで飼料をつくる

ぜんぶ麹でうまくいきます。
地球をきれいにしてくれます。
すごいでしょう、麹の力！

《第6章》ストレスをとる

ストレスは諸悪の根源です。

ストレスこそがさまざまな病気の原因となって現代人を苦しめています。

私は長年麹と向き合ってきて、これまで知られていなかったさまざまな麹の力を見てきました。それぞれ驚くべき効能ですが、麹の最大の力は、人間の抱える宿業ともいうべきストレスを解消する力。これこそが最大の効能ではないかと考えるようになったのです。

日本人が発見し、古代よりはぐくみつないできた麹の麹たるゆえんは、つまるところ人間や動物、生きとし生けるもののストレス抑制効果にある——私はだんだんそう確信するようになったのです。

限界に近い肉体労働で得たもの

ストレス論に触れる前にちょっと寄り道をします。

振り返ると、幼い頃から私は麹の世界にどっぷり浸かっていました。

家の内外、どこを向いても、麹の匂いがありました。

朝は父が蒸す米の香りで目が覚め、学校を終えて家に帰ると、杜氏さんたちと一緒にお茶を飲むのが日課でした。夜中に勉強していると、麹の温度の異常を知らせる警報が鳴り響きます。隣接する麹室にセンサーが設置してあり、朝といわず夜といわず、異常があれば警報が鳴り響くのです。

麹は人の体温、36度で生育します。1度でも温度が異なると麹にも大きな影響が出ます。私たち麹屋はこうして一家を挙げて麹を守ってきたのです。

私が大学院を修了して家業を継いだとき、まず経験したのは過酷な肉体労働でした。麹屋の仕事は朝6時から始まります。２００キロの麹を、その成長に伴って発酵槽へと移す肉体労働です。移し終えた５００枚の麹箱を洗い、そこにまた再び２００キロの米を入れて蒸すのです。

そんな作業の連続で、仕事が終わる夜7時ごろにはヘトヘトになっていました。人間の都合には関係なく、麹はマイペースで成長し続けます。主役は麹ですからこちらの都合で休むわけにはいかないのです。夕食を終えるとすぐに麹室へ。５００枚の麹箱のひとつひとつの温度を確認します。温度計などを使っていたのでは仕事になりません。手の甲を麹に近づけて温度を感じるのです。私の手はいつしか０・1度の温度差をちゃんと認識できるようになっていました。

麹づくりの要諦は、なんといっても温度。

わずかな温度の違いが命取りになります。夜もおちおち眠れない。毎晩、温度警報装置を枕元において寝るのですが、真夜中の2時だろうが3時だろうが警報が鳴れば跳び起きて麹室に入らなければなりません。1日の睡眠時間は正味3時間がやっと。そんな生活を5年間ほど続けました。

あれは人間の限界に近い労働でした。

1日3時間の睡眠ですから、最初のうちは一日中眠くてしょうがない。立ったまま寝て、ひっくり返って目が覚める。そんな日々の連続でした。慣れるとそれほど眠くなくなるのですが、それでも1週間に一度は猛烈な睡魔が襲ってきます。ここを我慢すると、だいたい1ヵ月に一度、強烈な睡魔が襲ってくるように変化します。この1ヵ月に一度の睡魔だけは、5年間ずっと続きました。麹づくりの現場を退いてたまに現場に出ると、さすがにすぐにこの睡魔に負けるようになりました。

それでも、62歳になる今でも睡眠時間は5時間で十分。

ですから普通の人が1日に8時間の睡眠をとるとして、私は1日に3時間は他人様よりも余計に生きている勘定です。2割増しの人生を生きている、それだけ得をしているということです。

サムシング・グレートの世界へ

このように労働限界に近い生き方をしてくると、人には尋常ならざる力がついてくるようです。実は、ろくに睡眠をとれなかったのは最初の１年くらいで、そのあとは熟睡できるようになりました。３時間の〝熟睡〟です。それでも麹菌の管理はほとんど失敗しませんでした。

なぜか。

麹菌が囁(ささや)いてくるのです。枕元に警報器を置かなくても、麹の温度に異常があるときには、その囁きで自然に目が覚めるのです。直観力というのでしょうか、そういう感覚が身につくのです。ある夜、胸騒ぎがして乾燥室へ行くと、送風用のモーターが過熱して発火寸前でした。またある夕方、とても暖かかったので麹室の通風口を全開にして家に戻ったのですが、夜中にふと目が覚めて外へ出ると、なんと雪が降っていました。いずれも適切な措置を講じて事なきを得ましたが、感覚は研ぎ澄まされ、まずい事が起きそうになると、事前に予知できるようになっていたのです。

あれは、一種の「超能力」といってもいいでしょう。

そういう日常を繰り返していると、感覚がツーンと研ぎ澄まされてきます。

冴えに冴えてある直感が閃くと、それは連鎖的にあちこちに飛び火して、それまで夢想もしなかったようなステージへ導いてくれるのです。この力のおかげで、これまで科学者が到達できなかったような着想や新しい発見なども可能になるのではないか、などとにんまりしたこともあります。

このような経験を5年ほど積んでくると、どうしても「サムシング・グレイト」の存在を無視できなくなります。私たちを取り巻く「偉大な何か」の存在です。

体力の限界までやってみて気づいたのは、肉体も心も自分自身ではないという感覚です。ぼくは一人ではない、大きな存在の中にいる――というような感じです。

自分の本体は、おのれの肉体の斜め後ろにいるエネルギー体です。

なるほどそうか、自分の本体、つまり自分の魂はこのあたりにいるんだなと気がつくのです。この魂が、宇宙にあまねく存在する巨大なエネルギーとつながっているようだ――と感じるのです。

宇宙にある巨大なエネルギーとは、たとえていうと、大きなシャボン玉です。

このシャボン玉は、地球も太陽系も銀河系も宇宙も包み込んでいます。シャボン玉には無限ともいえるほど膨大な数の小さなシャボン玉がくっついていて、そのひとつひとつが私たちの魂です。人間だけではありません。動物も昆虫も微生物もそして地球までも、この小さなシャボン玉のひとつです。この小さなシャボン玉は、それよりもっと小さいゲートを通して巨大なシャボン玉とつながっています。つまり、私たちは巨大なシャボン玉を通してすべての生命体とつながっているのです。

接点はゲートです。

このゲートをきれいにして研ぎ澄ませば、たとえば私が感じたような「麹の囁き」にも気がつくのです。

その感覚をひと言でいうと、

個は全体であり、全体は個である——という感覚です。

５年間の肉体労働で私が感じたのは、それでした。

それを理屈ではなく肉体で感じたのです。

ゲートに溜まる心のゴミ

さて、ここからです。

天寿を全(まっと)うする、という言葉がありますね。

この天寿という概念は、生き物たちに与えられた時間です。

「さあ、お前にこれだけの時間をあげるから、遊んでおいで」と巨大なエネルギーが小さなシャボン玉に与えた時間です。それが時間切れとなったとき、天寿を全うしたと呼ぶのです。

エネルギー供給の時間枠はたぶんそれぞれ決まっていて、それが終わったとき、小さなシャボン玉は、再び巨大なシャボン玉に吸収されて、その一部となって戻るのです。

そうして、大多数の人間がこの天寿を全うしているのだろうかと考えました。

いや、たぶんそうじゃないな、と思いました。

ほとんどの人は、天寿を全うする前に、エネルギーを供給してくれるゲートに目詰まりを起こして亡くなっているのです。

では、このゲートの正体は何か。

それは人の心です。

生まれたばかりの赤ちゃんの心はとてもきれいです。目詰まりはありません。

しかし私たちは人生を重ねるにつれて、さまざまなゴミを心に溜め込んでしまいます。このゴミでゲートは目詰まりを起こしているのです。

では、ゴミとは何か。

それは怒り、悲しみ、恐怖といった本来は存在しないはずの人の思いです。

特に恐ろしいのが「恐怖」という感情です。

たとえば、がん患者は本当にがんが原因で亡くなるのだろうか、と考えてみます。たぶんそうではありません。がんで亡くなる前に、がんによる死への恐怖で亡くなるのではないか。恐怖が生きる力を奪ってしまうのではないか――そう思います。子供の頃に何度か臨死体験を経験した私は、常に傍らに死神の存在を意識しながら生きてきました。

病は、それを忘れることによって癒されるともいいます。つまり怒り、悲しみ、恐怖というゴミを心に溜めなければエネルギーは十分に供給されるのに、そうしたゴミでゲートが目詰まりを起こすのです。

これが怖い。

私が感じた恐怖

苦い思い出があります。

私もその恐怖に襲われたことがあります。

研究がどうの経営がどうのではなく、とにかく怖いのです。研究も資金繰りもそれ自体は確かに悩みのタネですが、分析的・論理的に解決の方法はありえます。しかし私が感じた恐怖は、そんな次元をはるかに超えて、もっともっと根源的なところで怖いのです。自分が生きていることが怖いのです。怖くて怖くて、３ヵ月間、会社の片隅で震え、新幹線の中で震え、飛行機の中でも震えていました。食事はのどを通らず、人相は一変して、睡眠もとれません。ずっと震えが止まりませんでした。

その頃私はある事情で、どうしてもチェコへ行かなければならなくなりました。心の底に、もしかしたら、このチェコ旅行が気分転換になるかもしれないと、ワラをもつかむ思いがありました。

成田空港。

同行する親しい知人が、私の顔を見るなり「どうしたの、死人のような顔をして！」と叫びました。そのくらいひどい顔をしていたのです。

飛行機に乗り込むと、恐怖に耐えるために毛布をかぶって寝ようともがいていました。17時間後、夜のプラハに到着、その足でヒルトンホテルへ。

飛行機の中でもほとんど寝ていない私はベッドに倒れ込み、そのまま眠り込みました。それでもしっかりと午前2時に目が覚めます。いつも午前2時でした。時差も関係ありません。例によって朝まで恐怖に震えていました。

翌日、私は積み重なる恐怖と睡眠不足でフラフラになりながらも、懸命にスケジュールをこなしました。その間も私はひたすら恐怖と疲労に耐えるだけ。そしてまた恐怖の夜がやってきます。ホテルに戻り、今夜も午前2時に目が覚めるのかなとおびえながら、10時にはベッドにもぐり込みました。

私は眠っていました。

ふと気がつくと、天空に六角形の真っ白な箱が浮かんでいます。中を覗いてみると、空っぽです。

「ん、これは！」

その瞬間、直感が走りました。

――私の心はきれいに浄化された！

パッと目が覚めました。

時計を見ると、いつものように午前2時。

と同時に、今度は空間から、大量の気が私の体内に入ってこようとしています。とても一度には受けきれない量の気が、次から次へと押し寄せてくるのです。息もできない。まるで子供が海でおぼれたときのように、私はアップアップと呼吸する。その状態がなんと午前2時から午前6時まで続いたのです。

そしてこの日を境に、私の病める心は薄皮をはぐように回復していきました。1週間後、日本に帰った私は、まったくの別人になっていました。

この3ヵ月間はいったい何だったのか。

たぶんそれは、心を浄化する過程だったのです。

それまで生きてきた55年の間に心の中に溜まった悲しみ、怒り、怖れをすべて心の外へ掻き出す作業だったのです。55年かけて溜まったゴミをわずか3ヵ月で掻き出したのです。ということは、とりもなおさず、短い3ヵ月の間に55年分の悪感情をまとめて逆体験するはめになったのでした。

「よくぞ耐えた。これまでも多くの人間を試してきたが、そのほとんどが気を狂わせてしまった。お前はよく耐えた」

これは神の声だ――私はそう感じたのでした。

あれ以来、恐怖を感じることはなくなりました。


心のゴミを除去するために人はさまざまな工夫をしています。

瞑想や、座禅や、祈りなど、これらはすべて、心のゴミを除去するための作業なのでしょう。心のゴミとは、すなわち「ストレス」です。

ですからストレスをサラリと流せれば、人々はもっと幸せに生きられるはずです。十分に天寿を全うできます。しかし現実は、大半の人が寿命を全うする前に、このストレスというゴミで心というゲートを詰まらせ、心ならずもこの世を去っていくのです。

そんなふうにストレス解消法をぼんやり考えていた私が、そうだと思い出したのが、麴菌の研究で発見したある成果のことでした。

麴菌によるストレスの軽減効果――あれじゃないかと気がついたのです。

あれをうまく使えば、心のゲートにこびりついたゴミをきれいにとってくれるのではないか。

ストレスホルモンの分泌を抑制するという発見

麹が、なぜ、どんなメカニズムで心のゴミ（ストレス）を軽減してくれるのか。

それはブロイラーを使った実験でのことです。

林教授をはじめとする私たちの研究チームは、健康な家畜を育てる「TOMOKO-N」という新しいタイプの家畜飼料を研究する中で、大事な発見をしていたのです。

それは、「麹菌が脳の下垂体に作用してストレスホルモンの分泌を抑制する」という発見でした（P161）。

ポイントは、ストレス抑制です。

常々私は麹にはストレスを解消する力があると考えていましたが、これがようやく科学的に証明されたのです。

麹菌によるストレス抑制のシステムはおよそ次のようになります。

麹菌はある種の低分子アルコール（ブトキシブチルアルコール／BBA）を生産します。

この物質が脳の下垂体を刺激してストレスホルモンの分泌を抑えてくれます。

ストレスホルモンが少なくなれば、当然、ストレスを感じる度合いは、小さくなります。

私たちの体内ではアミノ酸からタンパク質が合成されています。同時にタンパク質からアミノ酸が分解されています。これが「代謝」です。身体の中では常に、アミノ酸とタンパク質が交互に合成・分解されています。これは「代謝」です。

タンパク質の合成が盛んで分解が少ない場合を「成長」といい、逆に、タンパク質の分解が旺盛で合成が少ない場合を「老化」といいます。

次の図をご覧ください。

上半分の図は、脳の下垂体が命令してストレスホルモンが分泌されていることを示しています。この状態だと、ストレスホルモンの働きによってタンパク質からアミノ酸への分解が促進されます。これがストレスがかかっている状態です。この結果、筋肉は細くなってしまうのです。

これに対して下半分の図は、麹菌を与えた場合です。

下垂体に麹菌が作用してストレスホルモンの分泌を抑制しています。

この結果ストレスホルモンが少なくなるのでタンパク分解が抑制されます。分解の線が細くなっているのがわかりますね。

これはストレスが軽減していることを示しています。その結果、筋肉が大きくなっていることに注目してください。つまり麹を与えた場合には、こんなに筋肉が増えるのです。

アミノ酸のタンパク質合成・分解

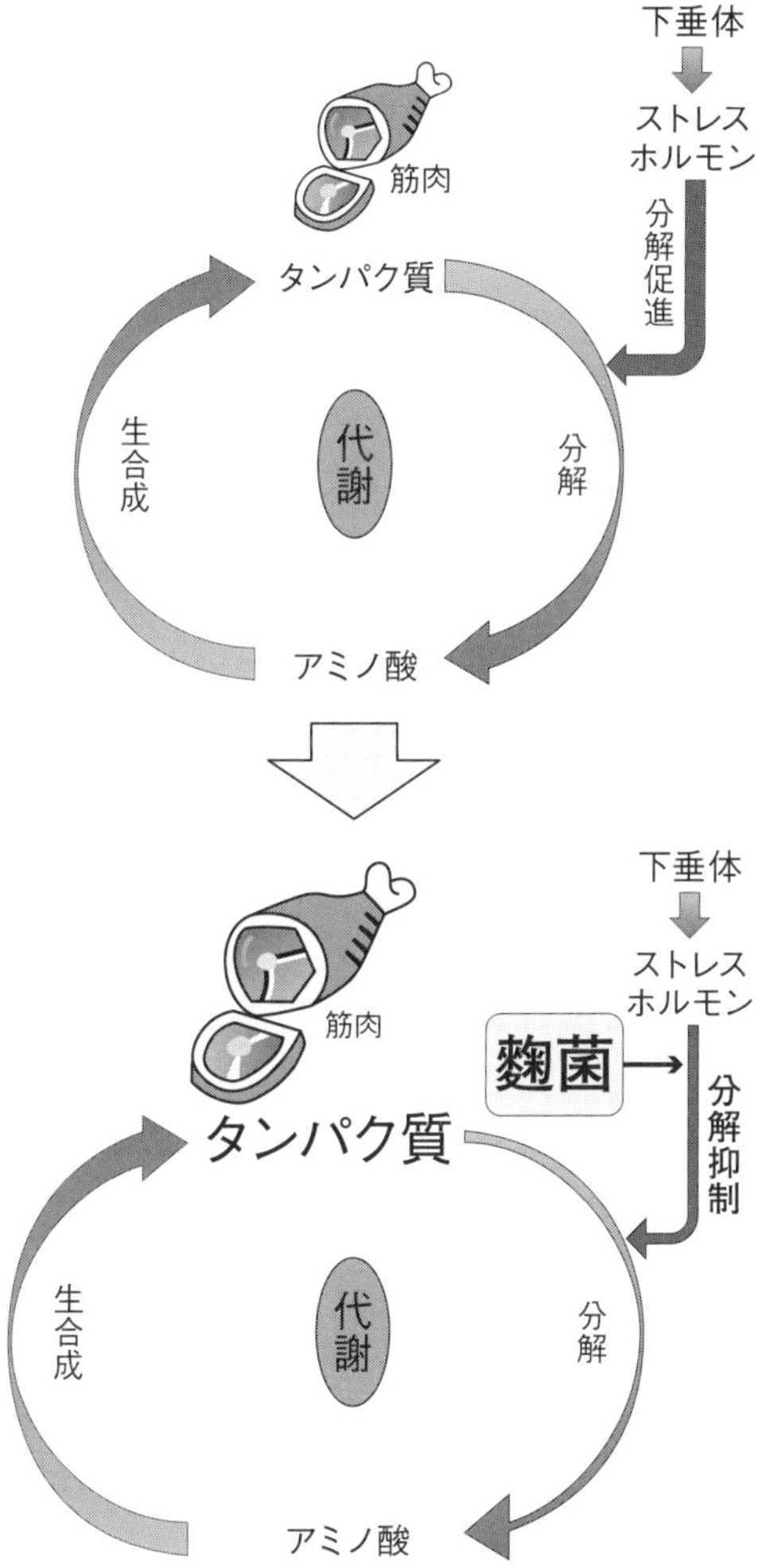

麹菌を与えれば、同じ量の食料を食べてもタンパク質は増えるということがはっきりしたのです。これが筋肉の「成長」です。

たとえていえば、水が流れているホースの先をつまめばホースが膨らむのと同じ道理です。ふつうはホースの水量を増やさなければホースは太くなりませんが、先をつまめばホースは膨らみます。ホースを筋肉、先をつまむことを麹を与えることと考えれば、水量（食事量）を増やさなくとも、つまむ（麹を与える）ことでホース（筋肉）は膨らむという理屈です。

これはブロイラーでの実験ですが、ようやくここまでたどり着いたのです。

麹には、ストレスホルモンの分泌を抑える力がある――これです。

家畜のストレスを減らす

牛・豚・鶏のような家畜は狭い空間に押し込められ、大きなストレスを感じながら生きています。家畜たちが悠々とえさを食べる牧歌的な風景は見当たらなくなりました。これは人間の業ですね。家畜たちはストレスの塊です。

そうすると家畜のストレス物質は血液中にも蓄積され、最終的にはこれを食べる人間にまでストレスを運びます。人間を〝切れやすく〟するのです。現代人のストレスが食べ物にも原因の一端があるといわれるのは、このことです。

家畜も人間と同じように、ストレスを感じるとストレスホルモンを分泌します。このストレスホルモンがタンパク質の分解を促進し、それを察知した家畜は必要以上に飼料を食べてしまいます。このような状態での食べすぎは、筋肉ではなく脂肪を増やしてしまいます。これが「ストレス太り」です。つまり「ストレス太り」は人間だけでなく、家畜にとっても事実なのです。

このことから次の予測が立ちます。課題もはっきり見えてきました。

飼料にほんの少し麹を混ぜるだけで、ストレスは軽減され、より少ないえさで家畜はより大きく生育します。ストレスによるヤケ食いもなくなります。当然、えさも減ります。この技術は来るべき食糧危機に対して、大きな解決策のひとつとなるかもしれません。

現在、日本では年間２５００万トンの飼料が消費されています。そのほとんどはアメリカからの輸入に頼っています。これは食糧自給の観点からも由々しきことです。

私は麹を使えばその輸入量を1割以上削減できると考えています。

方法は簡単です。ほんのわずかの麹を家畜に食べさせればいいのです。具体的な数字でいえば、1万トンほどの麹を飼料に添加するだけで、２５０万トンの飼料が不要になると計算しています。

私はこのヒントをもとに、前章で紹介したように「TOMOKO-N」という麹飼料を開発しました。このネーミングは、私が折りにつけ指導を仰いでいる心の師匠、迫登茂子さんのお名前からいただきました。

私はこの研究で59歳のときに論文ドクターを取得しました。

「麹菌の畜産に及ぼす効果についての研究」という論文です。

私が持つ博士号は大学院で取得したものではなく、「Journal of Poultry Science」や「Journal of Animal Science」などの学術誌に投稿した私の論文をもとに、鹿児島大学で審査を受けて取得したものです。

以下はその「TOMOKO-N」を家畜に給餌したデータです。

グラフ①を見てください。

このグラフは、ブロイラーに麹をほんの少し食べさせた場合と、食べさせない場合の比較です。麹を食べさせた「麹給餌区」では、食べさせないブロイラーと比べて体重が1割以上も増加していることがわかります。

グラフ②は飼料要求率（ＦＣＲ）です。

「飼料要求率2」とは、「2キロの飼料でブロイラーの体重が1キロ増える」ということです。この飼料要求率が低いほど、より少ない飼料でブロイラーが育つことを意味します。

麹を与えたブロイラーでは、飼料要求率が４％も減少しています。つまり、より少ない飼

①麹給与の有無による体重増の比較

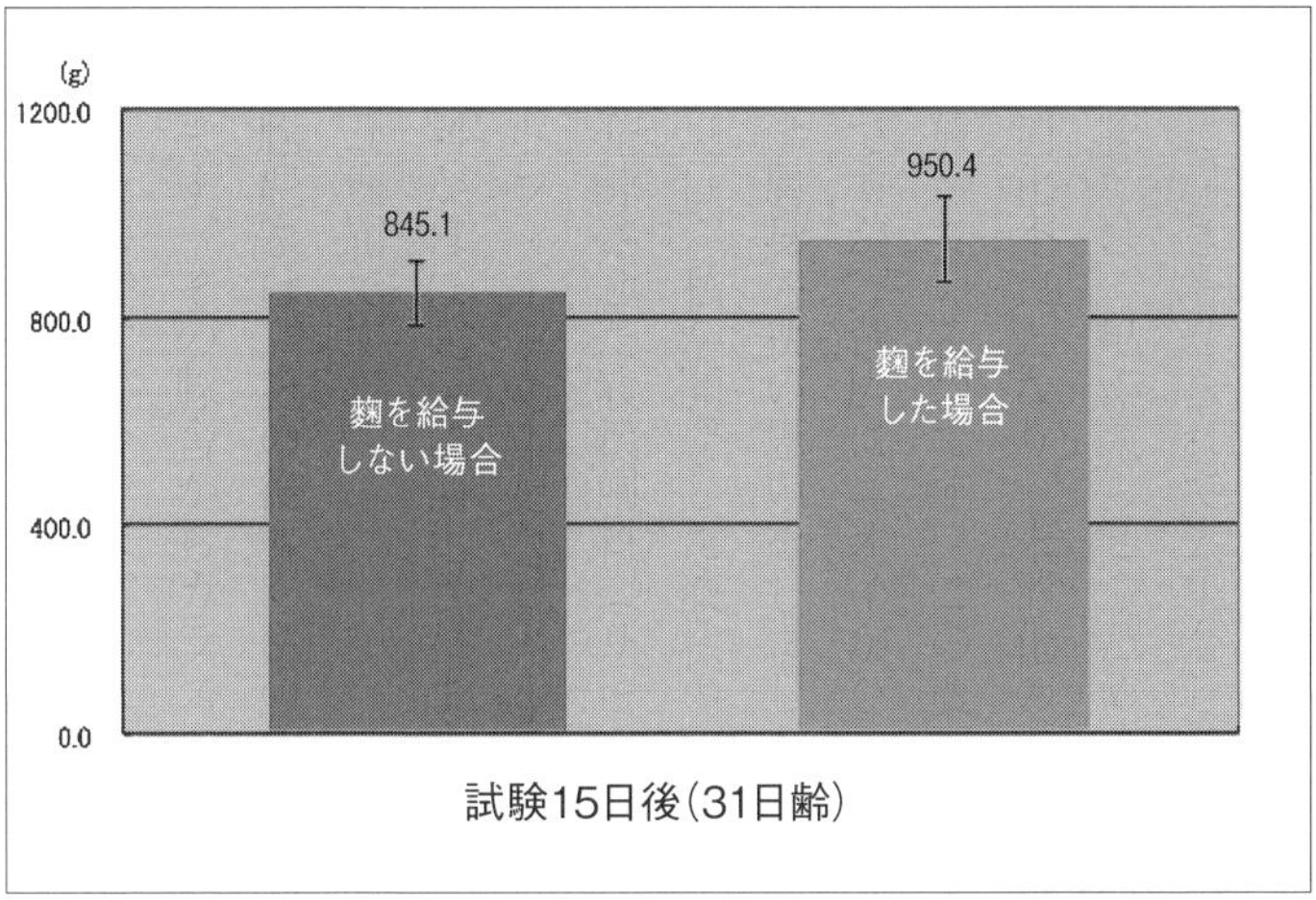

②麹給与の有無による飼料要求率の比較

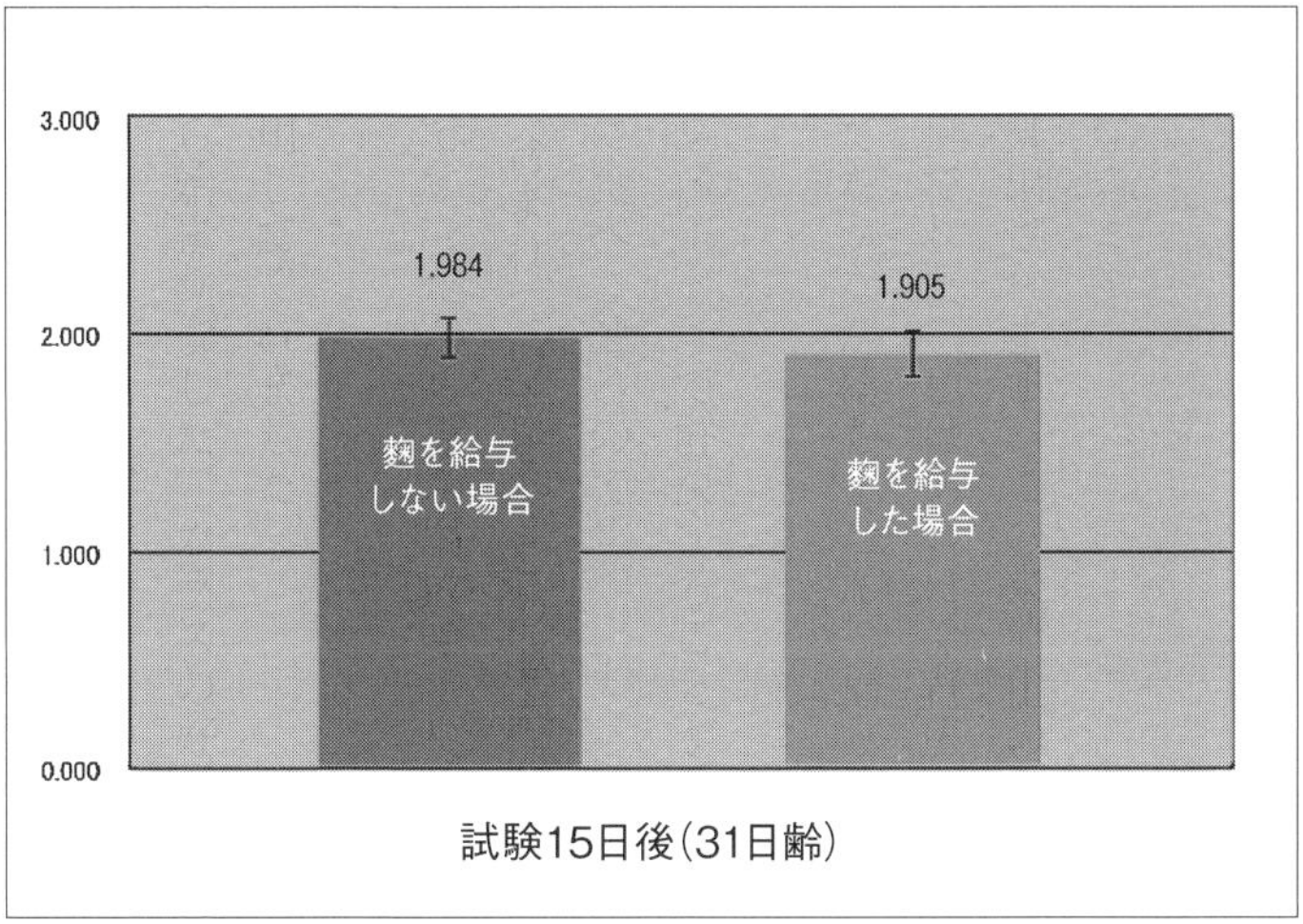

料でより大きなブロイラーを育てることが可能なのです。麴菌の効果が明瞭にわかります。

この研究成果の一部はすでにイギリスの学会誌「British Journal of Nutrition」に発表しました。

麴は世界の飼料問題を解決する際の大きな決め手となる可能性を持っています。

それもひとえに、麴の持つストレス抑制効果のおかげです。

人間のストレスを抑制する

ブロイラー実験からふたつのことがわかりました。

ひとつは、ブロイラーのストレスは抑制できること。

もうひとつは、ストレスが抑制されたブロイラーは、より少ないえさでより大きく育つこと。


私は麴菌にはストレスを解消する力があるのではないかと考えておりました。確たる理由があるわけではないのですが、私の直感力がずっと囁き続けていたのです。あの過酷な肉体労働時代に得た直感力は、その後の麴研究に際しても大きなヒントになりました。しかし直感だけで開発はできません。地道な研究の結果、動物実験ではありますが、麴菌がストレスホルモンの分泌を抑制するということを確実に証明できたのです。そう考えると、これまでの研究で得てきたさまざまな成果が点と点を結ぶように連結しました。その先には、「これは人間にも適用できるのではないか」という展望が開けてきます。

たとえば前に述べた女性の更年期障害のケースです。

更年期障害はストレスに由来するとされています。

それまで順調に流れていた女性ホルモンが、ある時期ガクンと減ることで、女性たちは身体の変調に気づきます。これまでとどこか違うと感じるのです。そのストレスが女性たちをおかしくしているのです。

そうか、するとこのストレスさえ抑えれば、更年期障害はなんとかなるはずだ、そのためには麴だと閃きました。この閃きは正しかったのです。ストレスを退治する力は、あの段階ではポリフェノールだと考えていたのですが、実は麴の出すブトキシブチルアルコール（BBA）などの働きだったのです。だからブトキシブチルアルコールを濃縮した、ニンニク麴のカプセルが力を発揮したのです。こうして妻の更年期障害を抑えたことは前に書きました（P88）。

杜氏さんたちが麴菌でできたもろみを舐めることで、彼らの中に肝臓がんの患者がいないという事実もありました（P51）。

もちろん、がんという強敵に対して麴菌がどのように作用するのか、その作用機序については私の手に負えるところではありません。しかし、がんにおびえながら暮らすというストレスの解消に、麹がひと役買ったのは事実です。少なくとも麹菌によってストレスホルモンの分泌が抑制され、彼らのストレスがずいぶん改善されたと考えるのは自然です。

それもこれも、麹によるストレス抑制効果のなせるワザではないか――それが私の直感でした。

また、私の叔父の食道がんやKさんの前立腺がんの事例を引きながら、麹がある種のがんに対して免疫抵抗力、つまり抑制効果を持つという可能性についても説明しました（P55）。

２０１１年の暮れ、韓国食品研究所が、マッコリには「ファルネソール」という抗腫瘍性物質がビールやワインに比べて10～25倍含まれていると発表したことも、この考えにとっては大きな援軍でした（P78）。

最新の研究結果によれば、麹菌はブトキシブチルアルコールのみならず、さらにさまざまな物質を分泌していることが判明しており、さらに大きな可能性が広がっています。

考えてみれば、日本人は世界でも有数の、まことに温厚な民族です。

このことは世界中を回ってビジネスに明け暮れる生活を繰り返してきた私の実感です。ハイテンション国民と呼ばれる商売相手との商談を繰り返し、わがニッポンに帰国するたびにああ、この国はいいなと、感じる素朴な感情です。ほっとします。

これもたぶん、代々、この国の人々が麹を食べ続けてきた結果ではないかと私はひそかに考えています。

アインシュタインが戦後初来日したときに言ったそうです。

「私は神が日本人を残してくれたことに感謝する」

弱肉強食の世界にあって、唯一平和な、住み分けの世界を実現できるのが日本人ではないでしょうか。

江戸時代は武士、農民、職人、商人が見事に住み分けてすばらしい文化を花開かせていました。まさに聖徳太子の言われた「和をもって尊しとなす」の世界です。

日本人という民族は究極の混血民族だともいわれます。

その昔、日出る国を求めて人々は東へ東へと進み、最後は日本に到達したと考えられます。そしてこの土地で生活するうちに他のどの民族とも異なる人間性が構築されてきました。民族という血を超えて、この日本という土地がそうさせたともいえるのではないでしょうか。

そしてこの土地だけに根付いていた微生物、それが麴菌だったのです。海外では病原菌とされるアスペルギルス（Aspergillus）の類縁菌にあたる菌。にもかかわらずこの麴菌だけが毒素を一切出すことなく日本人を守ってきたのです。

つまり私の言いたいことは以下のようなことです。

いつも麴のある暮らし。それを継続する。
穏やかで篤実な生活、そこから生まれた温厚な人格。
それは、ストレスから解放されることで実現される暮らしです。
それが私の描く理想図です。

日本農学賞を受賞

２０１２年４月、当社の研究室長である林國興先生が、「動物の身体タンパク質代謝制御ならびに肉畜生産技術開発に関する研究」というテーマで日本農学賞を受賞なさいました。成果がついに認められたのです。このニュースは新聞でも報道されましたが、全社に歓喜の声が上がりました。

林先生は長年の研究の末、焼酎廃液に成長促進物質があることを発見されました。今日では社会的にも学術的にも認知され、三菱商事、日本ハム、日本農産が出資した日本最大級の牧場「ジャパンファーム」（www.japanfarm.co.jp/）では、焼酎廃液を利用したリキッドフィード、つまり焼酎廃液に飼料を混ぜて給餌する方法を採用しています。豚に焼酎廃液を混ぜたえさを食べさせると、成長もよくなり肉質も向上することがわかったからです。

林先生は長く鹿児島大学農学部の教授をしておられました。在籍中からことあるごとに、私はこの成長促進物質は麴菌由来のものであると申し上げていましたが、温厚な先生は当初、ニコニコするばかりでイエスともノーとも返事をなさいませんでした。わが社側の研究成果が着々と出てくるに至って、先生は麴菌の効果を認め、そのテーマに本腰を入れて取り組んでおられたのです。

つまり、焼酎廃液に含まれる成長促進物質は麴菌がつくっていること、したがって、家畜に焼酎廃液を食べさせるより、麴菌を食べさせたほうが、より少量で効果が出ることを実証的に研究してこられました。

林先生がこの論文を発表されたのが2年前。日本農学賞は得たものの、実際に家畜を飼育している実業界はさておき、日本の学会で麴菌の効果を認めるのはいまだ少数派です。これは残念なことです。

しかし欧米ではいち早く麴菌の研究が始まっています。

そして2011年、林先生は鹿児島大学の定年を迎えました。

先生は当初、故郷の熊本に戻って農業をするご予定でしたが、せっかく先鞭をつけた麴研究をこのまま終わらせるのはもったいないと、わが源麴研究所に2011年春、入社してくださったのです。

日本のお家芸である麴、これを欧米なんかに先を越されてなるものか！

畜産のプロである林先生と発酵のプロの私。

二人三脚がスタートして1年、すでに着々と成果が出始めています。

麹の力は酒や味噌を造るだけではありません。

食べ物を美味しくするだけでもありません。

麹はもっとすごい力を秘めていることが、だんだんわかってきたのです。

麹菌は愛の微生物

麹菌とは、きわめて不思議な微生物です。

学名は「Aspergillus（アスペルギルス）」。

私が麹をエジプトへ輸出したときのことです。エジプト当局からこの菌の安全性を証明せよという強硬な文書が届きました。

理由はハッキリしています。日本以外の国では、「Aspergillus」という名前の付いた微生物のほとんどが病原性の菌だからです。世界最強の猛毒といわれるアフラトキシンも、麹の類縁菌である「Aspergillus flavus」がつくるものです。

この名前を聞けば誰だって用心します。エジプト政府としては当然の要求です。

ところが日本の麹菌のみが、これらの強力な毒素を生産しないのです。

近年の研究では、麹菌にもこれらの毒物を生産する遺伝子コードが存在していることがわかっています。しかし、その遺伝子が発現するための必須条件であるイニシエーターやレギュレーターが欠損しているのが麹なのです。あたかも太古の昔に遺伝子変換されたかのように……。

麹は毒素を生産しません。

それどころか、私たちの健康を促進しているのです。

さらに不思議なことに、私たち日本人は１０００年以上も麹に親しんでいるにもかかわらず、世界にはそれほど普及していません。その理由は、麹の生産には実にデリケートな管理が要求されるからです。その扱いには極度の繊細さが要求されるのです。

数年前マレーシアで、インド人に麹づくりの技を伝授しようと出かけていったことがあります。とても優秀な人だったのですが、結局、彼は習得できませんでした。

原因はといえば、日本人とはデリカシーが違う――そのひと言です。

温度管理や、その手触り、香りの違いの識別。

日本人なら高校生でもわかるそうした違いが、彼らにはついにわからなかったようです。

これにはほとほと参りました。まさに麹づくりは日本人にしかできない伝統の技だったのです。

しかし、そうとばかりも言っておれない時代がやってきました。

刻々と地球環境は汚染されています。

食糧危機も深刻です。

このような危機的状況から脱出するため、麹の力は今や全世界が必要としています。

今、私は、ヨーロッパで麹を普及させるために東欧のスロバキアに焦点を当てています。

この国は農業国です。当地の大学との提携を通じて、じっくりとかつ速やかに、麹文化を理解してもらおうと考えています。

麹のある暮らしは、すなわち、ストレスフリーの暮らしです。

麹の力を存分に使い、より健康で、より平和な社会を目指したいと思います。

（あとがき）
麹屋３代　無限の可能性を求めて

麹は日本の「国菌」とまで呼ばれ、日本を代表する発酵食品です。

わが家は親子３代にわたってこの麹のもとになる種麹づくりの技術を守り続けてきました。おかげで祖父河内源一郎は「麹の神様」と呼ばれ、父山元正明は「焼酎の神様」と呼ばれたことは書きました。私はそのことをひそかに誇りとしています。しかし、その一方で、親子３代が１００年にわたって見てきた麹の力はそれだけじゃないぞと思い続けてきたのも事実です。

実際、祖父は死の直前に麹を使ったグルタミン酸ソーダの生産方法を発見していましたし、父は近年、麹と紅芋を使った健康飲料「紅酢」を完成し、話題になりました。

さらに私の代になって、麹の持つさまざまな可能性を追究してきました。

ストレス軽減効果、

麹リキッドフィードの技術、
発酵熱による飼料生産、
免疫抵抗力増強効果、
メタボ抑制効果、
筋肉増強効果など。
人間や動物、そして自然環境によい技術と効果を求めて、飽くことなしに麹を追究してきました。
麹菌は決して、美味しい、うまいの世界だけではないことを、この十余年、私は実証してきたつもりです。
麹はただのカビではない。「愛の微生物」である、と私は本気で思っています。
40年前、東大農学部に進んだ私に浴びせられた、
「麹菌の研究はすでに終わった学問だよ」
というひと言には、ガツンと頭をぶん殴られたように感じたものです。
やむなく私の選んだ道は、抗がん物質の検索という、まったく畑違いの研究でした。
世界中の土を集めて、その中から抗がん剤を分泌する微生物を探す作業です。
そこで私が目にしたのは、抗がん剤を分泌する微生物の猛烈な毒性です。がんが先に死ぬ

か、人間が先に死ぬか。そのくらい強烈な毒素を出すのがこれらの微生物でした。

よくお医者さんが末期がんの患者さんに余命３ヵ月などと宣告します。あれは投与する抗がん剤に患者さんが耐えられる期間だと思っても間違いではないでしょう。身体が抗がん剤の毒に耐えられなくなったとき、死を迎えるのです。

欧州を原点とする微生物研究は抗生物質を分泌する青カビの研究から始まりました。青カビはペニシリンを分泌して自分だけが生き残ろうとします。

これまで微生物学者が発見した有用菌のほとんどは、この青カビに代表されるように自分だけが生き残ろうとする特徴を持っています。つまり戦いに勝ち抜く菌です。宗教問題や領土紛争で歴史的に角突き合わせてきた欧米にふさわしい、猛々しい一面を持つ菌なのです。

でも、麹菌は違います。

麹菌は他の微生物と共生するのです。他者を攻撃しないやさしい微生物なのです。それは、「神仏習合」をなした日本古来の伝統思想とも相通じる、懐の深い存在です。

たとえば最近はやりの乳酸菌。これも麹菌があると格段に元気になります。麹菌自体は抗生物質のような他者を殺すような物質は出さず、むしろ自分自身を提供して、周りの有用微生物を強化してくれます。

そして人間が麹を食べると免疫抵抗力を強化するだけでなく、ストレスも軽減してくれますし、アレルギーも軽減してくれます。

だから私は主張したいのです。

麴は愛の微生物だと。

和をもって尊しとなす日本人。

まさに日本人を代表するような菌。それが麴菌です。

麴屋3代目の私がやるべきこと、それは麴菌の無限の可能性をもっともっと引き出し、世の役に立てることだと考えています。

私はこの10年間、毎年多額の費用をかけて麴の研究を続けてきました。この研究を支えてくださっている出資者のトヨタ自動車、日本通運、全日空、日本政策投資銀行、鹿児島銀行の皆様、そして労苦をともにしてくれたわが妻には感謝して余りあります。

麴のすそ野はとても広大です。

今年で62歳になる私一人では、とても担いきれない大きなテーマです。

この研究に参加したい研究者の方、あるいはこれまでに開発した技術をビジネスとして利用したい方、さらには麴の普及啓発に携わりたい方、すべて大歓迎です。

ぜひご一報ください。私はどこへでも飛んでまいります。

ありがとうございます。

２０１２年７月　源麹研究所にて

山元正博

山元正博（やまもと・まさひろ）

㈱源麹研究所会長。農学博士。1950年鹿児島市に100年続く麹屋の３代目として生まれる。鹿児島ラサール学園から東京大学農学部入学。77年同大学院修士課程（農学部応用微生物研究所）修了。修士論文では、遺伝子変換の基礎技術となる、日本で最初の酵母の細胞融合の成功について論じた。卒業と同時に郷里に帰り、㈱河内源一郎商店入社。87年代表取締役。88年錦灘酒造㈱代表取締役。90年鹿児島空港前に観光工場焼酎公園「ＧＥＮ」開設。同年「日経先端事業所賞」受賞。95年全国で７番目の地ビール免許を受けて、「霧島高原ビール」設立。97年チェコ村「バレルバレー・プラハ」開設。98年チェコ政府観光局日本代表就任。99年「源麹研究所」設立。2004年農水省全国食品残渣飼料化行動会議委員、飼料自給率向上戦略会議委員に就任。08年スロバキア共和国名誉領事就任。09年「麹菌の畜産に及ぼす効果についての研究」で博士号取得。同年環境大臣賞受賞。11年機械工業会会長賞受賞。極真空手初段、薬丸自顕流師範。若き日には東京渋谷のディスコダンスコンテストで優勝したこともある。麹の秘められた力を求めて研究・実践に明け暮れている。

http://www.praha-gen.com　www.kojikin.com

麹（こうじ）のちから！

初刷　２０１２年７月25日
16刷　２０２４年７月25日

著者　山元（やまもと）正博（まさひろ）

発行人　山平松生

発行所　株式会社 風雲舎

〒202-0022　東京都西東京市柳沢3-4-5-501
電話　〇四二-四五二-三八二七（代）
ＦＡＸ　〇四二-四五二-六四二四
振替　〇〇一六〇-一-七二七七七六
URL　http://www.fuun-sha.co.jp/
E-mail　mail@fuun-sha.co.jp

印刷　真生印刷株式会社
製本　株式会社 難波製本

落丁・乱丁本はお取り替えいたします。（検印廃止）

ISBN978-4-938939-69-4